悦 读 阅 美 · 生 活 更 美

新书推荐

《选对色彩穿对衣》

王静 / 著

为中国女性量身打造的
色彩搭配系统。

《女人 30+——30+ 女人的心灵能量》

金韵蓉 / 著

畅销 20 万册的女性心灵经典

献给 20 岁：对年龄的恐惧会变成憧憬

献给 30 岁：于迷茫中找到美丽的方向

《点亮巴黎的女人们》

〔澳〕露辛达·霍德夫斯 / 著　祁怡玮 / 译

她们活在几百年前，也活在当下。
走近她们，在非凡的自由、爱与欢愉中
点亮自己。

《识对体形穿对衣》

王静 / 著

体形不是问题，会穿才是王道。
形象顾问人手一册的置装宝典。

《女人 40+——40+ 女人的心灵能量》

金韵蓉 / 著

畅销 10 万册的女性心灵经典

不吓唬自己，不如临大敌，

不对号入座，不坐以待毙。

《优雅是一种选择》

徐俐 / 著

央视国际的标志面孔，
善于经营生活的幸福女人，
优雅时尚的坚持者。
——她是徐俐
本书带你认识真实的徐俐。

《时尚简史》

〔法〕多米尼克·古维烈 / 著　治棋 / 译

法国流行趋势研究专家精彩"爆料"
一本有趣的时尚传记，一本关于审美
潮流与女性独立的回顾与思考之书。

《像爱奢侈品一样爱自己》

徐巍 / 著

中国最睿智、最犀利的时尚女主编
《时尚 COSMO》11 年总编辑徐巍
写给女孩的心灵硫酸。

中国淑女

现代女性的枕边书

THE CHINESE LADY

|珍藏版|

靳羽西

著
Yue-Sai
Kan

漓江出版社

目录
Contents

再版序言
Second Edition Preface

  10年前，我写了两本书：《中国绅士》和《中国淑女》，当时我不知道它们会如此畅销，还在北京奥运会和上海世博会期间被许多学校用作礼仪教学材料。

  后一页的序言陈述了我写这两本书的原因。今天重新读起来，我发现我的初衷未变！但在这10年里，我们的生活、社会，甚至世界都发生了巨大变化。所以我决定更新一下书里的内容，与时俱进，让它们与我们的现代生活更相关。

  对于那些从未读过这些书的人来说，务必要阅读一下，它会打开你的眼界，让你了解更多你所不了解的东西，从而成为一个体面的现代绅士或淑女。如果你以前读过它们，那么再读一遍你会发现很多新的信息，并且给你机会复习你有可能已经忘记了的重要内容。

  祝阅读愉快！

Yue Sai Kan

2017年于纽约

序 言
Preface

　　去年我出版了《中国绅士》之后，不论是发行量还是社会上的反映都很不错，博客上每天有网友问："有了《中国绅士》，什么时候出《中国淑女》呀？"《中国绅士》的编辑符红霞女士建议我说，既然这样，不妨写一本《中国淑女》作为《中国绅士》的姊妹篇。真是个好主意！能和更多读者分享我从生活中学到的东西，我当然愿意！出于这个目的，我把我生活中关于美丽、健康和成功的实践总结进这本书，用我的亲力亲为来成就更多的淑女！

　　你一定会问，怎么样才算是真正的"淑女"？这是《中国淑女》最核心的问题。淑女要具备的品质，和《中国绅士》中提到的"绅士"一样。首先，也是最重要的一点，她必须是一个善良的人，为他人着想，慷慨，愿与他人分享；从来不伤害别人，也不会为达目的不择手段；正直、聪明，不傲慢；受过良好教育（并不是说她要有多高的学位，更看重的是她的教养）；像对待自己那样真心对待别人。

　　这些品质并非难以企及，我在中国见过很多这样的淑女。如果你希望是这样一个女人，你要做更好的自己、更完善的自己，那最该具备的就是"淑女"的品质。

　　淑女是天生的吗？我可不这样认为！我认识一些显赫家族的金枝玉叶，却并不是我眼中的淑女。淑女是要用很多钱来打造的吗？不是！像美国著名的作家杜鲁门·卡波特（Truman Capote）说的那样，"拿走他们的钱财，他们将一无所有"，智慧、品位、修养是无法用钱财买到的。我也认识不少富有的女人，她们对工作人员都冷冰冰地呼来喝去，也不是真正的淑女。有名的女人就是淑女吗？再一次回答"不"！你看到的名人只是媒体报道的最光鲜的部分，你不知道她出镜前有多少人帮她化妆配衣服，也不知道在发言前她背了多久助理们帮她写就的稿子，更不知道没人看见的时候她是多邋遢。

现在，中国正在快速成长为推动世界的主力，我们和外界的联系便利又频繁。不过出于很多原因，还没人告诉我们要如何在没有边界的"地球村"生活——这就是我写《中国淑女》的另一个原因，我想告诉你们一些"淑女"的规矩和规则。不能说你看了书以后就无往不利，但若你真的仔细读它，并运用在实践中，那你一定能够获得在任何场合都表现出大方得体的信心，因为这时候你已经知道应该如何去做。

"外表—行为举止—谈吐—与环境相处—与人相处"，这些是定义"淑女"要考虑的几个方面，也是最基础的衡量标准。下面是我判断一个女人是不是真的淑女的5个基本内容。

1. 她看起来怎么样？

毋庸置疑，淑女的外表非常重要，它是你的"敲门砖"。"第一印象"之所以重要，是因为太多时候你不可能有第二次机会。既然这样，为什么不让自己呈现出最好的一面呢？因为推出"羽西"品牌化妆品，我学习和研究亚洲女性的皮肤、颜色、头发，并不断获得更新的研究报告，我知道如何通过化妆、发型和服饰搭配来让自己看起来更棒！在本书的第二章里，除了穿衣打扮，还会分享关于健康的秘诀，这是身心健康的重要内容，如果你不健康的话，看上去不可能好的呀！

2. 她的行为举止如何？

从如何回应邀请函到如何吃西餐，从如何做聚会上的客人到如何做聚会的女主人，从如何接电话到乘坐地铁的礼仪……或坐或立，举手投足，你的举止时刻佐证着你是否是个"淑女"。这本书的第三章和第四章可以回答你几乎所有关于礼仪和行为举止的问题。

3. 她谈些什么？

　　不论多漂亮，不论举止多优雅，人一开口才真正展现其内在——教育水平、世界观、金钱观、经历……人们说的每一个字都在更进一步地表露自己。在第一章里，我想和你们一起探讨我个人的一些观点，比如如何在财富和做人方面都获得成功。

4. 她的居所是什么样子？

　　居所是私人的空间，通常来说至少会容纳人三分之一的生活，绝对是主人品位、生活方式、个人习惯、兴趣爱好等的集中体现。我在第五章专门写到"淑女的家"，看一个女人是不是淑女，看她的居所就很容易判断。

5. 她和男人的关系如何？

　　我们接触的人中，平均50%是男人。如何与异性相处更有挑战性，特别是当你对男人有所要求、有所期待的时候。第六章整章都写如何与男人相处，但愿对你有所帮助。

　　知识就是力量，"淑女"完全可以通过学习来实现，只要你想，你就可以做到。《中国淑女》就是写给有自我提升意识的当代中国女性的，它可以给你无穷的信心，让你成为秀外慧中的国际化淑女。我非常希望《中国淑女》能是个好向导，当你想成为淑女的时候，它带你迈出通向成功的第一步。

　　现在就开始享受旅程吧！

Yue Saikan

2007年新年

13

How to Be
a Successful Lady?

第一章

做成功的淑女

把快乐和满足当作成功

Happiness and Satisfaction Are the Keys to Success

在今天，"成功"好像是一件又困难又容易的事情。说它困难，是因为很多人都经常抱怨自己挣钱少，做的工作微不足道；说它容易，那就是只要赚了足够的钱，就有人说你是成功的人。

因为工作，我经常出差到世界各地，有时候一走就是几个月，途中只带两个行李箱。当我发现靠这么少的东西就能生活时，就认识到物质并不是太重要。所以，我认为赚足够的钱不该成为你一生唯一的追求。我认识很多亿万富翁，他们是世上最痛苦、最没有安全感的人。他们中的一些人甚至每天都离不开药——无论是医生开的药，或是其他什么地方来的"药"！

什么是成功？ *What Is Success?*

如果你想成功，必须首先明确"成功"的定义。是有钱，还是出名？我说都不是。我认识一个邮递员，他的收入不高，那份工作也不会给他带来名利，但他总向别人说起他成绩优秀的女儿和美丽贤惠的妻子。每天一下班，他总是迫不及待地回到家；在周末，他最喜欢和家里人在一起。在我看来，他就是一个成功的人。

单纯的金钱对我来说也没有太大的意义。我希望拥有金钱，但绝不会以此为目的。30年前我做《世界各地》（Around the World）这部电视片的时候，我很清楚在制作过程中会赔很多钱，但我更清楚它能帮助中国去了解世界，这样的机会多么可贵！对一个电视制作人来说是一件多么有意义的事！我深信金钱是无法取代这份成就感的！后来，我又推出了一部电视系列片，叫作《羽西看世界》，同样是国际团队的大班底大制作，我也没有考虑到钱，而把它当作送给中国的礼物。2011 年，我把全球最负盛名的"环球小姐"赛事带到中国，举办"环球小姐中国区大赛"，因为获得"中国小姐"（Miss China）称号的冠军会代表中国参加全球总决赛，她的形象会代表中国新女性的形象，所以我不遗余力请到最好的老师打造她。如今，我培养出的 6 位"中国小姐"都在国际舞台上表现出色，获得了认可与好评。她们每个人也都通过这场比赛收获良多。能帮助中国更多地了解世界，让世界更好地了解中国，就是对我最大的肯定，对于我来说就是成功。

> 成功包括健康、活力，以及来自亲朋好友的支持和一种知足的心态。当你把这一切和基本物质需要的满足结合在一起时，你才会感受到真正的快乐。这是每个人都能达到的成功。

金钱是对一个人的出色工作和个人价值的回报。那么什么是有价值？只有你自己可以定义。很多人认为一个女性的成功是指她事业上的成功，但是要我说，一个选择做家庭主妇，并且能够把家庭打理得很好的女性也是一个成功的女性。

> 对于我来说成功就是快乐和满足，满足不是欲望的实现，而是珍惜你拥有的一切。

那什么是不成功呢？就是为了得到一样自己要的东西而伤害别人。如果你需要通过撒谎、欺骗以及伤害其他人赚钱，来实现自己的梦想，那在我眼里你并不成功。说实话，我从没有为了达到个人目的而去伤害任何人。这一点比其他任何成就更让我感到快乐和满足！

成功者需要具备的10种素质　10 Qualities a Successful Lady Must Have

成功者都会有一些特别的素质，这也是我要努力培养的。以下的这些素质都是我认识的成功人士所共有的。

成功者必备的10种优秀品质

1．让自己装扮得体　这是展示自信和对别人表示尊敬的一种方式。

2．学会良好的社交技巧　这些技巧能让你在不同的社交场合优雅、得体、快速地与人交往。

3．锻炼口才　我发现大多数好的领导总能够清楚地表达他们的想法和感受、激励下属，并且嗓音清晰而富有魅力。要做到这一切，上演讲课或者上网看Ted Talk是一个不错的选择。

4．学会最得体的社交礼仪　你越有礼貌，别人就会越尊重你。尽管看上去无关紧要，但礼仪却是让一个人脱颖而出的必备素质。"礼仪就是多为别人着想。"努力将这句话融入自己的日常生活。希望年轻父母自己多学习这些礼仪来教育下一代。

5．百分之百的诚信　一个人或许能一时蒙蔽一些人，但他不可能永远蒙蔽所有人。我见到过曾被认为是非常成功和富有的人，但却因欺骗公众和政府最终进了监狱。只有真正诚实的人才是最受人钦佩的。

6．有修养　修养比金钱更有价值，金钱无法买来修养。修养包含了四项内容：外表、声音、举止、言谈。

7．多结交给人灵感并充满爱心的朋友　如果你周围总是些无聊、吝啬、冷酷的人，那么你也有可能变成这样的人。

8．保持自己对知识的渴求　通过不停地学习来充实生活。现在我在学习西班牙语、舞蹈和唱歌，最近我还常常参加一些讲座，学习其他成功者的经验。

9．保持谦虚　最傲慢的人也是最无知的人。很多国家的领导人，尽管他们身边的人非常傲慢，可他们本人却从不这样。要知道，你越是有地位，就越应该要谦虚。

⊙　与企业家马云合影

10．尊重一切劳动　在我的公司里工作没有高低贵贱之分。为了证明每一项工作在公司里的重要性，有一种好方法就是你亲自做一遍，我曾经教过我深圳的员工如何洗厕所。

　　我读过的最好的一本书就是戴尔·卡耐基的《如何赢得友谊并影响他人》（Dale Carnegie, How to Win Friends and Influence People）。尽管这本书在20世纪70年代出版，但直到今天它还是很有影响。卡耐基认为有6种重要的技能是必须学会的：真诚地对待别人，微笑，记住别人的名字，做一个好的听众并鼓励别人谈谈他们自己，谈论别人感兴趣的话题，让别人感到自己的重要性。

选择工作的2+2原则
2+2 Principle in Choosing a Career

你曾经为自己的理想难以实现而困惑过吗？其实这样的经历很普遍，无论处于哪个年龄段，很多人都会有这样的失落感，我也不例外。当我为自己的职业生涯做出决定的时候，会问自己 4 个问题，很好地回答这 4 个问题，那我的决定也就做好了。

是否有特长 *Discover Your Talent*

> 如果一个人只用他才能的一半，那他已经失败了一半；如果一个人具备才华并得到了完全发挥，那么他才是一位了不起的成功者，他所获得的那种成就感是很少有人能够体会得到的。
>
> ——托马斯·沃尔夫（美国作家）

每个人都有自己的天赋和才能，一定会有一些事你能比别人做得好。当大家夸奖你的时候，你该把这些赞扬记录下来，这可能会给你一些启示。与此同时，自我评价应尽量保持客观。如果你的身高只有 1.5 米，即使你觉得自己拥有打篮球的才华，也不可能成为像迈克尔·乔丹一样伟大的篮球运动员。我曾希望自己成为一名钢琴家，但当我练到某一程度时，就意识到凭自己的能力不可能成为世界一流的钢琴家，因此我选择放弃。拥有才华与确信这一才华能成为自己的职业并带来收入是有区别的。有些才华只能作为个人兴趣，并不能作为职业。你应该将这两者区分开来。

是否有足够的热情 *Where Is Your Passion?*

"我真的喜欢做这件事吗？这是我在这个世界上最想做的事情吗？"如果不是，就停下来。不过你怎么才能知道这件事情是不是你的热情所在呢？时间是一个检验的标准。如果你真正喜欢一项工作，那时间就变得无关紧要了——你可以一天 24 小时投身于此不知疲倦，更可以日复一日、年复一年地工作下去。我从没有见过一个做他不喜欢的工作但却很成功的人。

如果对于以上的两个问题你都能给出肯定的回答，那么你真是一个幸运的女人了，你已经找到了成功的秘诀。如果做不到以上两点，你可能永远不会成功，但是拥有以上两点对我来说还远远不够，我选择工作用的是 2+2 原则，也就是要多加下面两条原则。

是否对他人有益 *Think of Others*

> 毫无原则的人就什么坏事都会做。
>
> ——亚历山大·汉密尔顿（美国国父）

我鄙视那些只考虑自己利益但会伤害别人的小人，那些为达自己目的不惜欺骗他人、损害他人的人。多想想别人！让你的目标有更广泛的人生意义。我相信，新中国的缔造者们，正是他们考虑到苦难的大众，他们才会受到人民的爱戴和尊敬。当我决定做电视片、化妆品、羽西娃娃和写书的时候，我只有一个目的，那就是帮助中国向世界打开一扇大门，向中国介绍一种现代的生活方式，并使国人对自己有全新的认识和提高。

是否对中国有益 *Think of China*

由于我最近 30 年所做的许多工作都和中国有关，所以我会问自己："这样做会对中国的发展有益吗？"如果答案是肯定的，我才会去做。

我可以很坦然地说，只有对以上的问题都做了肯定回答，那才是值得我做的。就算结果是以失败告终，也不是工作的对错，而是时机、市场条件、管理或其他我不能控制的原因造成的。这一切和钱无关，如果你有天赋、热情，并决定全身心地投入努力工作，钱自然会随之而来，我所做的一切都证明了这一点。

⊙ 2010 年上海世博会美国馆奠基仪式

做会管理时间的淑女
Manage Time Efficiently

时间永远都不够用，这是事实。不幸的是时光飞逝，幸运的是你能驾驭时间。聪明的女人是懂得轻重缓急的。我相信每个人都有自己最重要的事，对我而言，保持健康、减少压力、最大限度地提高工作效率是最重要的。现在来说一说如何最大限度地提高自己的效率。在一天之内，如何做更多的工作。

学会"一心二用" *Multi-task*

当一件事情非常重要时，你就该全神贯注地集中在这件事情上。但事实上，每天我们会有很多时候心不在焉。纽约是一座压力无处不在的城市，生活在这座城市里，我已经学会了至少同时做两件事情。例如，当我在电脑前写这一章的时候，就会提臀收腹。这样做完全是自然的，因为我已经养成了这种习惯。除此之外，早上起床，我就会打开收音机，在淋浴、洗脸、刷牙、化妆的时候收听广播。当完成了个人清洁之后，就已经获取了所有的时事消息，没浪费一点儿时间。在排队等候的时候，我会抓紧时间回几个电话，做些记录或者做一些运动。在和女友打电话时，我也不忘利用这短短的时间修修指甲。

收到的信件只看一遍 *Only Read E-mail Once*

一旦看完了信件就马上去处理它。一封信读两次只会花去两倍的时间。

只做你喜欢做并能做得好的事情 *Focus on What You Are Good at*

我的烹饪技术并不高明，因为我不喜欢烹饪，所以让家里厨艺一流的阿姨来做饭。我更喜欢把时间花在工作中，这样我可以用工作赚来的钱支付阿姨的工资。

把事情简化 *Simplify Life*

我设计了一个服装搭配方法和衣橱整理方法，并靠记事本来安排时间。由于我生活节奏很快，所以我不养宠物，也没有时间培育花花草草。我会定期扔掉办公室或者家里没用的物品，使生活变得更简单。我一般都会扔掉一些既占空间又要花时间和精力整理的旧文件和旧衣服等。

学会把任务分派给别人
Delegate Duties

让其他人为你分担一些工作，只要可以就把工作分配下去。在我的化妆品公司刚成立的时候，我几乎亲自打理每一件事情，但很快就发现自己不可能凭个人的能力顾及每件事。现在我已经学会了将工作委派给其他人，他们在专业领域比我更有能力。在通向成功的道路上，这是要学习的最难的一课。因为作为一名企业家，总是习惯于确保事情按照自己的想法和思路进行。

学会通过合理安排来节约时间
Practice Good Time Management

有些女性朋友会说，她们不化妆是因为那需要太多时间，其实这样的担心大可不必——购买合适的产品，在化妆桌上或化妆包里有条理地摆放它们，学习简易有效的化妆技巧，你就一定能减少用在化妆上的宝贵时间。你相信吗？我化妆都在 5 分钟内完成。

随时记录　*Take Notes Whenever You Can*

一有好的灵感就马上记录下来，以前我的床头柜上有纸和笔，睡觉前想到什么就会写下来，现在我也习惯用手机记录下来。

学会说"不"　*Just Say "No"*

一个人必须要学会这一点。我曾经在很多不同公司的董事会任职，为了参加董事会，我经常要长途飞行，生活变得很复杂。现在，比如别人请我做一些事情，如果这件事并非我的兴趣所在，在这个过程中又不能学到什么，那我就会拒绝。我会对很多邀请函说"不"，因为我没时间什么都去参加。我厌倦太多的工作给生活带来的重重压力。

淑女的财富
A Wealthy Lady

> 注意每一笔细小的开销，一个小裂缝会弄沉一艘大船。
>
> ——本杰明·富兰克林（美国政治家）

我知道很多女性把找个有钱老公作为人生目标，她们认为"干得好不如嫁得好"，只有嫁得好下半生才会得到保障，再也不需要出去工作。但是我想你一定听说过这样的婚姻失败的例子——老公有外遇，闹到离婚，最后女人还是要自己养活自己。

所以我主张经济独立，这该是女性的目标，要一直做好自己养活自己的准备。在婚后不要犹豫，使用独立的银行账户，经济独立是保证自由的唯一途径。

做会理财的淑女　Manage Money Successfully

如果你不知道如何理财，你就永远不能致富。1949年我家搬到了香港，随身没有带很多财产。但我母亲十分善于理财，我和妹妹们能有比我们富裕很多的孩子才有的东西，母亲总能使我们觉得很富有。她把大笔钱投到了房地产中，当我准备到美国读大学时，母亲只出售了她投资的一处房子就够了。在我的三个妹妹去美国读书时，母亲也是这样做的。

我从母亲身上学到的理财观念

1．永远不能只有一个渠道进账，必须开辟多个收入渠道　比如在工作闲暇之余开个网店卖东西。

2．从小就学会存钱　从我16岁第一次挣钱开始，就把20%存起来。

3．省下1分就等于多挣1分　把所有钱都花光是个坏习惯。

4．学习如何让"钱生钱"　"被动的收入"是最理想的收入。

5．学会区分资产和负债　有些东西不但不升值反而贬值，它们就是负债。比如说，车就不是资产。因为它从被你购买那一刻起，价值就降低了1/3！同样，衣服也不是资产。

6．学会投资不动产　当我有足够的钱来付首付时，我就立即买下了自己的公寓。那时我只有20多岁，这是我做的最明智的事情之一。这项投资给了我安全感，并且这么多年来它增值很多。当然，你可以把其他投资作为收入来源。比如艺术品，但是你一定要懂它。

7．学会花钱，不该花的钱不要乱花　我小时候，父母不会给我5分钱来买口香糖，但当我想要贝多芬钢琴协奏曲的唱片时，无论多少钱他们都会买，他们知道这是对我自身的投资。

8．花钱要区分时间和场合　我有个朋友，事业刚起步就租了大办公室，买了辆豪车，这很不明智。当事业发展的时候，需要的钱往往会超出预算很多，不要把钱花在与自己的业务不相关的地方。很多年前，我的电视事业是在一个很小的公寓里开始的，但我不介意，因为我可以把更多的钱投入到提高节目质量这种更重要的事情上。

9．尽量不要负债，要有计划地花钱　母亲一直告诉我"不要花明天的钱"。我不喜欢借钱，那让人感觉压力太大了。当花钱失去控制时，受害的是你自己。当你有信用卡时，我建议你不要无节制地透支，很多美国人就有这样的坏习惯。

10．要拥有一颗慈善之心　拥有一颗慈善之心是获得财富的原因，不是结果。我人生的第一笔收入到手的时候，我就拿出10%捐给了慈善，当时对我来说也是很大一笔钱了。但是结果我发现这些钱是会收获回来的。所以虽然我捐很多钱出去，但是我一辈子都没感觉到自己贫穷过。我觉得这是拥有一颗善心所带来的好运。许多人总是有这样的想法："当我有钱的时候就会变得慷慨。"但我劝你不要这样想，因为不付出，哪里会有回报？

朋友是人生的财富　*Friends Are the Treasures of Life*

> 朋友就是你为自己选择的家庭。
> ——谚语

都说真正的朋友是人生的财富，我在这里特别想说说女性朋友。男人，作为异性，常常背负着与我们完全不同的"男性日程"，而好的女性朋友会有相似的日程，这点很重要。比如我住在纽约的中国女朋友向我哭诉，她把她的女朋友介绍给她正在北京的澳大利亚男友，结果那两个人现在到处去旅游。起初是她的女朋友公开勾引她的男朋友，以至于不多久他就再也没有打电话过来。

我对她说，我很庆幸你因为这件事情知道了这两个人都不是你真正的朋友，真的朋友是不会彼此背叛的，相反他们非常忠诚！

我不得不说自己是特别幸运的，因为我和女性朋友相处几乎没有一点不好的经历。这大概也因为我首先忠诚于她们——站在她们一边，试图帮助她们，给她们鼓励和支持。我从来没有抢过谁的男友或老公，更没有和哪个已婚男人有风流韵事。

因为我单身，也没有孩子，因此我的女朋友对我有异常重要的作用。和她们可以畅谈梦

想，可以在凌晨 4 点打电话，可以一同去世界各地旅行，可以交流思想，可以互相沟通。简而言之，我把女性朋友看作是我的家庭成员，彼此相爱、信任、理解和依靠。

当遭遇挫折和失败
When Hardships and Failures Happen

收获所有美好事物的秘诀：少些畏惧，多些希望；少些进食，多些咀嚼；少些怨天尤人，多些吐故纳新；少些空谈，多些关爱。

——瑞典谚语

当困难来临的时候，我也曾怀疑过自己，我想每个人都会有这样的经历。我希望有平和的心态去面对那些我无法改变的事情，有勇气来改变那些我力所能及的事，有智慧洞晓这其中的差异。记者常常会问我，当遇到挫折时我会怎么办？大家都以为我看起来那么成功，一定没有碰到过什么困难；但事实恰恰相反，我一直都碰到或大或小的问题。但是，我始终觉得判断一个人的标准是看她如何处理生活带给她的一道道难题。

如果失败了怎么办？失败其实是一种态度。我曾经也尝试了很多次又失败很多次。我从发明家爱迪生那里学到了：失败本身并不是错。他在最终发明出电灯之前失败了 700 次，但是他说："我并没有失败啊，我知道了 700 个行不通的方法。"

当困难来临的时候，我也曾经怀疑过自己，我想每个人都会有这样的经历，名人也不例外。我曾经听好莱坞著名女演员梅丽尔·斯特里普（Meryl Streep）说过："有时我真的很怀疑自己，人生真是太痛苦了，我为什么还要活着呢？"

记得我刚开始经营羽西化妆品的时候，中国女人几乎不化妆，大家对这种"新型"打扮的方法不一定接受，甚至有很多人还说我往女人脸上涂的东西污染了她们原本清纯的样貌。我当时真的很难过，也很不理解为什么会有人不明白我，我要做的是一件好事呀。

后来，经历过很多类似事件的我慢慢看开了，我想如果被别人中伤，那起码证明别人愿意花时间议论你。有人说"人红是非多"，仔细想想还真是没错，你有价值才会被消费，不是吗？

这段经历也让我想起多年前和世界著名男高音歌唱家帕瓦罗蒂的一段对话。当时，他红得不得了。报纸杂志几乎每一天都有关于他的评论，支持和反对的声音都有。我问他，怎样面对这些评价，他风趣地回答我说："我从来不会看这些评价。如果他们的评价很好，说老实话，我自己知道；如果我唱得不好的话，我更不需要去看评价了，因为我也知道，毕竟演唱的人是我自己呀。"

⊙ 与著名男高音歌唱家帕瓦罗蒂先生

当然，我理解他的意思，别人的评价会左右到他的心情；评价高会让他变得自负和骄傲，评价低会令他生气郁闷，而这两种结果都不是他想要的。

所以，我们能做的就是全力做最好的自己，真诚，善良，不要假装。

佛教认为生命就是苦难，在这句话中蕴含着许多真理。在人的一生当中，我们渴望的是什么呢？基本上有四样东西：爱、健康、别人的尊敬和自身的成功。但是这四样东西都是很难得到的。

你爱的人也许会离开你，你可能会生病，也许有人对你不礼貌或看不起你，或者你失败了失业了……你几乎不可能总过着顺心如意的日子，坏事总是不断发生。可还是有很多办法来解决困难！

填写你的幸运列表 *Make a List of Blessings*

我会在我日记的第一页列出所有我自认为很幸运得到的东西。这些东西可能是我身体健康、我的腿很漂亮、我有几个很好的妹妹，或是一头健康浓密的秀发。遇到困难时，就看看这张"幸运列表"。当事情变得糟糕透顶的时候，就在"幸运列表"中加入更加基本的东西，比如："我还能呼吸！"这张表帮我渡过了许多艰难时刻，也改变了我的心态。

健身 *Work out*

去做发泄压力的运动，比如瑜伽、游泳、跑步、爬山等；运动是一个很好的方法，把你的不开心全部排出体外。

适时地痛哭一场 *It's Time to Cry*

当事情变得忍无可忍时，就让自己好好哭一场。哭可以消除心理负担，会让你觉得疲惫，帮助你入睡。哭并不是什么羞耻的事，想哭就痛痛快快地哭一场吧，男人和女人都可以做的。

实事求是地分析情况 *Prioritize Your Life*

很多时候事情并没有看起来那么糟。我把事情从 1 到 10 进行分级。假设错过了一个电话是"1"，那么失去了心爱的人就是"10"。如果没有赶上公车，感觉这件倒霉事应该是4 级，但几分钟后，另一辆车又来了，这时的情况就又变成了"0"。通过这样的分析方法，我可以改变自己的一些观点。而且事情最坏的结果是什么？死亡？事实上有的时候死亡都不能算是最坏的结果。我也不怕死亡啊。

塞翁失马，焉知非福 *Misfortune May Be an Actual Blessing*

能意识到这点很重要。我曾经幻想过和一个男人好，但是他当时对我什么兴趣都没有，我很难过，连自己的自信心都受到很大的打击。后来我发现了他不少我不能接受的缺点，最后真的感谢这段感情没有发生。有很多次，我因为没有得到自己想要的东西而备受打击，但到最后，我总会发现还是没有拥有它比较好。

忘掉不快乐的事情 *Avoid Unpleasant Memories*

我尽量不去想让我不愉快的事，如果想到了就尽量分散自己的注意力。很多人不能摆脱原有的阴影，在脑海里一遍又一遍重复那些不愉快的事，事实上就是下意识地使自己处于痛苦之中。我离婚后的两个星期对我来说是非常艰难的一段日子，尤其那时正值圣诞和新年。我内心充满了困惑、痛苦和悲伤。后来我决定用两个星期去学一门新语言，我请了老师，每天学 6 小时，学习时的聚精会神帮助我忘记一些已经无法挽回的事实。

从失败中学到经验和教训

Learn from Your Mistakes

我有一次代理了一个首饰品牌，是别人的品牌。我当时不是特别喜欢代理别人的东西，所以怎么做都不成功。到最后我只能把那个店关掉了。因为这个生意做不成功，我当时就意识到我不能够代理别人的东西，只可以做自己的东西，我要创造自己的品牌。这个品牌的生死都掌握在我的手上。这个对我来说才是最合适的。其实在每天的生活当中，我们总能学到很多东西，总能从遇到的困难中获取力量，以及对自己、对他人和对生活的全新认识。记住，是压力铸就了钻石。

⊙ 荣获第 28 届美国"埃利斯岛杰出移民奖"

用想象力鼓励自己达成一个目标

Use Imagination to Help You Create the Goal

比如，你现在面临一个很困难的情况，我要你用你的想象力勾画出一个最理想的情况，而且不停地想象这个情况，你会发现这个想象力会慢慢变成你的动力，并且驱使你朝这个幻想的方向努力。但是你要非常集中你的精力，一天至少想象十多次。在我的生命中，我这样做过很多次，都很成功。你也不妨试试。

有两件绝对不要做的事情

1．心怀怨恨　怨恨不会带来快乐，它只能给自己和别人带来伤害。

2．报复别人　胸襟开阔，不要耿耿于怀，越是往坏的方面想，对自己的伤害就越深。让过去成为历史吧。

我希望以上几点能帮助你树立良好的心态，端正看待事物的态度，使你保持乐观积极的心态。

不惧怕衰老，只关心未来
Don't Fear Getting Old, Focus on the Future

> 我们都希望长寿，但是只有富有意义的人生和生命中那些闪光的瞬间才是最重要的。用我们的精神而不是钟表来度量时间的流逝吧！
>
> ——爱默生（美国作家）

在生命的这个阶段，我发现自己有了更多的选择。我曾经和一位非常可爱的年轻人一起谈到年龄差异，我对他说："我宁愿你长大 15 岁，也不要让我年轻 15 岁。"我所说的是事实，现在的我比自己的任何一个年龄段都要喜欢自己。

不要担心变老。我就不惧怕衰老，我只关心未来——未来才值得我付出所有的时间和精力。你所要关心的是随着年龄的增长，自己的心态如何。你应该在心理上、经济上以及身体上都为自己做好充分的准备。其实，这就是整本书都在讨论的一个话题。人慢慢变老是无法避免的，但你应该把握住自己的生活，让它变得更精彩。

让自己看上去更年轻　*Age Beautifully*

今天，50 多岁的人看起来可能比我们祖父母那一辈同龄的人年轻 10 ~ 15 岁，有许多方法都能让你看起来年轻。羽西化妆品就有系列的驻颜抗衰老产品，对于肌肤的滋润和再生都非常有效。而且你还可以学会利用彩妆来遮盖瑕疵，使脸庞焕发光彩。一些皮肤科或整形外科的手术也能起到一定作用，另外，一些维生素和荷尔蒙营养素也能使你精力充沛，神采奕奕。

保持年轻的心态
Maintain a Young Attitude

在中国，我问一些 40 多岁的女性："你为什么不学着化妆？为什么不学习英语呢？"

她们回答说："咳，都这个年纪了！"我不理解这种生活态度，为什么轻易就放弃，这么年轻就如此没有激情！我完全相信，不论多大年纪，女性都可以继续让自己成为充满活力、气质高贵、智慧、自信、富有魅力的人，没有必要去阻挡这种魅力。以前在一些中国的百货商店里，会有某一特定区域被标为中老年妇女区，对这一点我很不理解。品位是没有年龄界限的，只要衣服的式样适合自己的体形，色彩也能衬托出你的肤色，那你就可以穿着任何年龄女性穿的服装。

活到老学到老
Always Ready to Learn

我曾经犯过错，但从中学到了很多。现在我有了一定的经济保障，努力让自己保持健康，虽然没有孩子，但有优秀的外甥和外甥女，还有三个妹妹，以及在世界各地关心、爱护、支持我的好朋友。我曾经采访过英国著名科学家李约瑟（Joseph Needham）博士，90 多岁的他编撰了面向西方展现中国人伟大科学成就的《中国科学技术史》（*Science and Civilization in China*），当他谈到自己未来的计划时，听起来好像他只有 30 岁，永远都看不到死亡。我问他长寿的秘诀是什么，他回答我："做一份有益的并能全身心投入的工作。"我想他说得对：一个人一定要热爱生活。活到老，学到老。在这个世界上还有许许多多的事物我想学习，有许多东西我想亲眼看一看，有许多地方要去游历。生活中还有那么多的乐趣、冒险和神秘等着我去探索，我对未来充满了期待，相信你一定和我一样！

How Should a Lady Look?

淑女的外表

第二章

美丽是上帝赐予的礼物。

——亚里士多德

有些男人会说"外表并不重要"，但大多数情况下，他们所做的与他们所说的无法保持一致。男性总是容易对漂亮的女性产生幻想，女性也希望她们的配偶是英俊、成功并且出众的。尽管这听上去有点肤浅，可是研究发现，外表对一个人来说确实有莫大的影响。与人们通常所认为的恰恰相反，对于智商高和社会能力强的女人来说，她们并不比那些不具备这些素质的人更受欢迎。越是美丽的女性，就越容易被男性追求，也更容易得到她们想要的。

从创立"羽西"品牌化妆品到现在，我一直乐于打扮女人，我希望帮助她们从普通变成美，从漂亮变成更美。我总想，如果放眼看过去，女人们个个都是优雅得体的淑女，那该是多好的事情呀！但很多次，在一些为高层政府女官员举办的讲座上，她们都担心我把她们打扮得太好看，觉得这样"别人会不把我当回事儿"！

虽然事实不全是这样，但有这样想法的人并非个别，这其中有很多原因。看看世界上那些最成功的淑女们吧，她们的声望和名誉绝不会因为美丽而受损——美国前第一夫人米歇尔·奥巴马，已经过世的杰奎琳·肯尼迪和黛安娜王妃，她们都是集美貌和成功于一身的女性典范！她们知道如何装扮会更好看，她们也知道自身的美丽和良好的品位都是无形的财富。

想让自己真正成为中国淑女吗？你可以从这些典范身上学到很多。如果你是一个社会地位比较高的女人，你就会成为众人模仿的对象。其实我们都希望把自己最好的一面展现给他

人，这不仅需要我们注重内在美，同时也需要我们注重外在美。无论你的地位如何，都不用害怕自己漂亮的外表会让别人对你的智慧与才华产生疑问。外表为什么很重要？因为出众的外表是成功的一部分！当然，聪明，有个性，具备运动、舞蹈或是唱歌等方面的技巧都会让你更有魅力。当然，良好的外表对于女性的作用是有限的，如果没有胜任自己工作的能力，最终还是会被解雇。这也就是说，外在美是"成功公式"中重要的因素，但不是唯一的因素。知道如何装扮自己的淑女明白一个道理——不是每个人都有第二次机会。无论如何，外表还是很重要的，所以我们就从淑女的外表说起。

对于淑女的外表，每个女性都应记住的7点

1. 用化妆品来凸显自己的优点，遮掩瑕疵。
2. 让自己的皮肤保持最好的状态。
3. 选择适合自己的发型。如果选择对了，那看上去就会更年轻也更美丽。
4. 好好保护自己的牙齿。
5. 穿戴得体，有品位。
6. 保持优美的仪态和身材。
7. 身心健康，让美丽由内而外地散发。

美容与化妆
Beauty and Makeup

化妆就是给脸穿上衣服。

——吉纳维夫·安托万·达里奥（法国时尚界泰斗，《优雅》的作者）

当我的"羽西"品牌化妆品在 1992 年面市时，大多数的中国女性还都不化妆。可到了我写《中国淑女》的时候，也就是 2007 年，在所有的大城市里，几乎每个女性都使用化妆品，至少是口红。这令我非常高兴！

不过也许正因为化妆品市场发展太快，中国女性对于化妆品的使用仍然存在很多误解。比方说，把 T 台走秀的装扮用在日常生活当中，或者是把西方人的化妆方法照搬到自己身上。

我曾经参加过上海一个大型商场举办的化妆品节，化妆师在台上展示自己的创造才能，结果化妆出来的女子看上去很怪异，如果走在纽约街头可能就会被警察盘问。

我和很多世界有名的专业化妆师一起工作过，也学到了一些化妆技巧。我注意到绝大部分的化妆师要花费很多时间去修饰一张脸，通常是两个小时。而且他们也会使用非常多的产品，看看他们那大大的化妆箱就知道。其实，对于最常用的日常妆来说，并不需要这么多时间和工具。在这个章节中，我将和你们探讨一些让化妆变得简单有效的方法。

化妆的基本原理 *Makeup 101*

略施粉黛对每个人都有帮助。它能帮你掩盖脸部的瑕疵，突出优点。如果你花一点时间来学习化妆的技巧，至少要掌握简单实用的化妆常识，那我想，你距离中国淑女就又近了一大步。

当然，化妆反映着时装潮流。作为化妆品公司，我们每季都推出新的彩妆来搭配流行趋势。但大家要知道，我们的选择要适合亚洲人的肌肤，不能照搬照抄西方人——淑女们应该了解怎样的化妆方法会令你更加自信、美丽。以下是必须牢记的四大基本原理。

• **利用深浅效果凸显五官**

化妆时，把深色用于你想凹进的地方，浅色要抹在你想突出的地方。

这里有一张我的照片，显示了我是如何使用浅色和深色的。先看我的鼻子吧！如果你的鼻子和我的差不多，不是很挺拔，那为了创造好的效果，我使用高光粉来让鼻梁显得高一些。而在两侧使用浅咖啡色则能使鼻子显得小一些。再看我的眼睛，肿的眼睛需要凹进去，我会用浅咖啡色涂满眼皮，再在靠近上眼睫毛的部分涂一些深咖啡色。

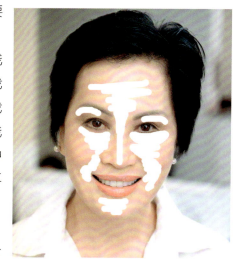

• **扬长避短**

日常化妆的最终目的（不同于戏剧和特殊场合下）是使你看上去更美丽，突出脸部的优点，同时掩盖和弱化缺点。

用嘴唇来举例，嘴唇很容易就可以变得很性感。我的下嘴唇有一点薄，所以我就用唇线笔把下唇画得丰满一些，使之与上嘴唇的厚度差不多。对于我来说，完美的嘴唇应该像这张照片里的一样，不太薄也不太厚，上下基本一致，而下唇略显丰满。利用唇线笔来避免过分有棱角的嘴唇，柔和饱满的嘴唇会让你更有淑女的味道。

• **化妆品涂抹均匀**

均匀的涂抹能使颜色看上去很自然。特别是当你使用两种不同颜色时，应该不留痕迹地把它们的边界抹匀。对于粉底、眼影等都应该这么做。用什么工具并不重要，无论是刷子、海绵或是手指，只要能充分涂抹均匀就可以了。

为什么化妆过程中要反复照放大的镜子和普通镜子。

1. 在化妆台上放一面可以放大的镜子，这样就能够仔细检查面部状况，特别是眼周。它也能帮助你化更细致一点的妆。

2. 另一面普通镜子要稍大一些，挂在墙上，可以看清整个脸部。

- **化妆与服装必须匹配**

化妆和服装一定要相互呼应——粉色系的化妆就需要粉色的套装与之相配。我使用的化妆品可分为三类：橙色、粉色和中性色。比如我穿了蓝色，与之相配的是粉色系的唇膏、眼影和胭脂。如果我穿黄色，就配橙色系的。

化妆包里基本的化妆品

☐ 1. 唇膏	☐ 6. 唇线笔	☐ 11. 唇彩或金色唇膏
☐ 2. 眉笔	☐ 7. 睫毛膏	☐ 12. 粉饼
☐ 3. 双色胭脂	☐ 8. 三色阴影粉　用于眼线和眼影	☐ 13. 维生素E护唇膏
☐ 4. 一把指甲锉　不是金属的	☐ 9. 眼药水	☐ 14. 小瓶的香水
☐ 5. 一小瓶护肤霜	☐ 10. 一小瓶护手霜	

梳妆台上的必备工具

☐ 1. 一面镜子	☐ 4. 卷笔刀	☐ 6. 镊子	☐ 8. 用来上粉底的海绵
☐ 2. 眼影棒	☐ 5. 眉毛刷	☐ 7. 唇刷	☐ 9. 腮红刷
☐ 3. 睫毛夹			

选择最适合你的化妆品 *Use the Right Products*

很多女性在挑选化妆品的时候，会首先挑选品牌，而不是根据自己皮肤的特点、自己生活和工作的环境去挑选，这真是非常大的错误！

• 挑选适合自己的护肤品

◎ **洁肤与卸妆产品**　早晚洗脸时需要选择不同的洁肤产品，只要白天使用了隔离霜、防晒霜、粉底之类的产品，晚上最好能用卸妆油或是有卸妆能力的洁面产品卸妆。注意眼部要使用单独的卸妆油。早晨可根据皮肤的出油情况选择洗面奶、洁面泡沫之类的产品。磨砂类洁面产品不能天天使用——即使你是油性皮肤。

◎ **化妆水**　不要指望毛孔会被爽肤水、紧肤水收紧，但它们确实可以帮助舒缓刚刚清洁过的面部皮肤，起到补水的作用。如果你的"肌肤年龄"比较大，可以选择有修复精华的产品。干性和敏感性肌肤要避免有酒精的化妆水。记着在脸完全干透之前进行护肤。

◎ **护肤**　大多数中国女性都是混合性皮肤，因此保湿补水成了重中之重，但这和工作环境、季节有很大关系。我通常选择质地轻柔、便于抹匀的面霜，而且是有一点点香味的保湿面霜。

◎ **重点保养**　眼霜是中国淑女们一定要使用的一样保养品，任何时候都不要怠慢眼部的皮肤。请根据自己眼袋、黑眼圈、细纹等不同的眼部状况选择不同功效的眼霜。另外，具有抗皱、美白、祛斑、抗敏感、祛痘等效果的产品也都层出不穷，选择之前要注意它们是不是会和你其他的保养品相冲突。

◎ **防晒**　希望从看到这本书开始，你就意识到防晒这个问题的重要性！如果你的童年曾有过晒坏皮肤的经历，也许几十岁后才会显现出后果，所以现在就应养成用

SPF15 的防晒产品作为日常防晒的习惯。通常这个防晒指数的保养品都不会特别油腻，可以放心使用。

· 挑选适合自己的彩妆

彩妆品的种类很多，除了颜色之外，彩妆的质地也很重要，在前面刚刚说过的"化妆的基本原理"里有一条就是"将化妆品涂抹均匀"。不管什么彩妆，只要不能在你脸上很容易地涂匀，那就不要选它。在这里我给你们一些我认为很有用的信息。

◎ **如何挑选粉底的颜色** 最好是在专柜，让专柜彩妆师帮你挑选——通过目测选择最接近皮肤的三种粉底，把它们平行涂在面颊上；之后离开镜子至少 1 米，看哪条颜色消失了，那就是和你皮肤颜色最接近的粉底。

不过你也可以选择深一度或半度的粉底，这样使亚洲人的肤色显出一种健康的颜色。

◎ **如何挑选唇线笔** 不管潮流如何变化，我从来没有放弃使用唇线笔，它可以帮助我完成精致的唇形。选择与唇膏颜色接近的唇线笔，或是略微暗一点的。

◎ **如何挑选眼影** 我习惯通过唇膏、腮红和耳环来让面部妆容与服装相配，而不包括眼影。当然，如果年龄允许，你也可以选用彩色眼影。通用的咖啡色系眼影是我的最爱，这也几乎是万能的中国淑女眼影，它不仅能适应绝大多数的服装色彩，关键是能让你的眼睛明亮有神，黑白分明。

万能的三色多用阴影粉

看起来像是眼影，其实它是"三色多用阴影粉"。它不仅能作为眼影粉，还能代替眉笔，甚至可以用来营造面部的立体感。你可以根据需要将三种颜色调和使用，我没有一天不使用"三色多用阴影粉"！

1．**浅咖啡色** 　将它涂在眼睑上，让眼睛不那么肿；将浅咖啡色眼影沿鼻梁两侧画两条5mm宽的线条，用手涂匀边缘，让鼻子变窄；用一点点浅咖啡色涂在下嘴唇下面，让唇部显得丰满。

2．**深咖啡色** 　深咖啡色阴影粉是干湿两用的，用手指蘸取，配合浅咖啡色阴影粉涂在眼盖上，体现眼部的层次；用眉刷蘸取，代替眉笔画出自然的眉形；通过略湿的眼线刷蘸取阴影粉可以用来画眼线。

3．**本白色** 　可以用来提升你想突出的面部部位，比如涂在眉弓、鼻梁、下颚等处。

新经典羽西妆　*Classic Yue-Sai Look*

大家最熟悉的我的样子，应该是我留了20年的童花头、黑眼睛、红嘴唇。但我也很喜欢现在自己的样子，我不是愿意一成不变的人，但当一个偶然变成一种习惯，成为一种标志，对人生发生重要意义的时候，要改变就不是那么容易的了。我看着多年前自己的照片，再看看现在的，对比起来就有一种奇妙，好像时光在相片之中穿梭。而照片里的人，我还是我，还是一样的羽西。

- **发型**

2003年我换了新的发型，从童花头变成了错落有致的短发，我感觉这款新发型动感十足——脸四周的头发都剪得很有层次，借此柔和脸部线条，减弱颧骨的凸起感。总之，是一款很时尚的发型。

- 眼部妆容

◎ **眼线** 从内眼角到外眼角画黑色眼线。眼线尽量贴近睫毛根部，这需要多加练习才能让眼线光滑平整。

◎ **眼影** 在眼睑上抹浅咖啡色阴影粉，在上睫毛根部抹深咖啡色阴影粉。用手指把眼影抹匀。

◎ **睫毛** 用睫毛夹卷曲睫毛几秒钟后涂两遍睫毛膏。注意在外眼角部分可以多刷两次。

- 描绘嘴唇

我经常用大红唇线笔勾勒唇形，再抹上橘红口红和金色高光色，当然我也会选择别的口红搭配不同颜色的服饰和场合。

- 脸颊的颜色

挑选和唇膏同色系的橘红胭脂，用胭脂刷轻轻扫在两颊。

- 让鼻子更挺拔

用棉签蘸浅咖啡阴影粉在鼻子两侧轻轻地画两条直线到鼻尖，再沿鼻子正中用高光粉抹一条直线。抹匀，以确定中间没有明显的界线。

上面提到的基本原理包括：深色会使脸上的任何一个部位凹进去，而浅色则会凸出来。这一原理体现在为亚洲人化妆的技巧上，和白种人完全相反。我们通常需要增高我们的鼻子并使鼓肿的眼睑凹进去。而白种人却不是。所以，当我们谈及为自己选择好的化妆品时，我们必须用那些专门为我们设计的化妆品。

亚洲女性化妆时容易犯错的两点

1. **不按自己的肤色挑选颜色** 亚洲女性的肤色与众不同，错误的颜色会令我们的皮肤又暗又苍老。

2. **使用欧美人的化妆技巧** 亚洲女性的面部特征显然不同于白种人，我们必须以不同的方式来运用化妆的基本原理。

皮肤、头发与牙齿
Skin, Hair and Teeth

> 如果你想知道阳光对皮肤有多大的伤害，就把你脸上的皮肤和从未晒过的臀部皮肤比较一下。
>
> ——格兰斯丁医生（皮肤科专家）

护理皮肤最好的方法是有充足的睡眠、正确饮食和运动。我们的皮肤反映了我们身体内部的状况。多喝水可以排除体内杂质，良好的饮食习惯和适当的运动将帮助你拥有最好的皮肤状况。如果你和我一样，有父母给的好肤质，那真是幸运！但你仍然要好好护理皮肤。在我很小的时候，母亲就让我们使用面霜并避免我们在日光下曝晒，是她让我懂得这样的肌肤要伴随我一生，因此必须细心照顾它。头发和牙齿也是一样，不能完全依赖天生，淑女该懂得用科学的方法给它们应有的关爱。

我喜欢吃辣，但有意思的是，它并没给我带来暗疮。可如果我吃很多油性食物的话，我的脸就会很油。有些人问我为什么她们的脸这么油，我可以肯定她们喜欢吃油炸的或有许多油脂的食物。

专为亚洲女性研制

当今的科学技术如此发达，当我在1992年创建化妆品公司时，我研究了产品中的每一种成分及其功能。虽然那时感觉这些产品真是够好的了，但我仍然会一次又一次惊叹我们新的产品——里面有许多了不起的新成分，运用很多成熟、有效的技术在里面，这些都会帮助皮肤呈现最好的一面。我把羽西化妆品品牌交给欧莱雅（全球最大的化妆品集团公司）后，我们一共花了三千万美元在上海浦东设立了研制中心，专门研究亚洲人的皮肤、色彩和头发，并在实验室研制新品。所以我说它是真真正正"为亚洲女性研制的"，是进步的，是优秀的，是科学的。

我的护肤哲学 *My Skincare Philosophy*

- **使用经过皮肤测试的产品**

  我只用含有最有效配方的产品，并且，我只用做过亚洲人皮肤测试的产品。亚洲人的皮肤同白种人是有区别的。

- **做好防晒工作**

  避免在阳光下曝晒。如果我必须要走在阳光下的话，会使用日霜、防晒霜或至少SPF15 的粉底霜。高的 SPF 值并不会伤害你，但由于中国人皮肤中有一定量的黑色素，相对于白种人，我们已经受到更多的保护了，所以没必要使用 SPF 值过高的产品。在车里也要注意，仍然会有阳光从车窗里照进来，所以还是要防晒。如果要整天在沙滩上或旅行，就在出发前 15 ~ 30 分钟涂上 SPF30 的防晒霜，并每隔两个小时再抹一次。我还会穿长袖、打伞和戴上帽子。上午 11 点到下午 2 点是阳光最强烈的时候，我避免在这段时间出去。

  色斑同雀斑相似，但色斑在 40 岁后出现。这些棕色的扁平斑点是由日晒引起的，并可能出现在身上被晒的任何地方，通常较多出现在女性的手上。在手和颈部使用防晒霜和美白霜可以防止色斑和雀斑的形成。

- **按季节、地域调整化妆品**

  中国幅员辽阔，不仅南北方有很大差异，不同季节对护肤的要求也不一样。在冬季，有暖气的房间让皮肤变得干燥，在室内放一台加湿器就可以保持空气湿度了。干燥的季节里就用防护更强且更有营养的面霜涂在脸、手臂和身上。在夏天则要改变一下，护肤的方法是使用不太油的面霜，因为太油的面霜容易堵塞毛孔。但不管东南西北、春夏秋冬，保湿与防晒都是非常重要的。

- **去角质**

  每周起码做一次去除死皮和角质，以及用身体磨砂膏来去除身体上的死皮。

注意，做身体磨砂的时候，皮肤皱纹越少的地方力度要越轻柔。

日常皮肤护理方式 *Daily Skincare*

如同我做其他事一样，我的日常皮肤护理也十分简单。

- **起床后**

⊙ 用蘸有柔和洁面液的化妆棉洗脸。我用这个产品至少有 20 年了，它能彻底清洁我的脸部。然后再用水冲洗干净。

⊙ 用润白或修护的爽肤水。

⊙ 在眼睛周围使用修护眼霜。在夏天，我用润白眼霜。眼霜有可能是舒缓眼部肌肤和防止眼部皱纹的最简单有效的产品。你可以轻柔按摩，促进眼霜的吸收。

⊙ 在白天我用防晒霜，或含有防晒成分的日霜。

⊙ 接着基本化妆步骤。

- **睡觉前**

在睡觉前，不管有多累，我都会依次做完以下的步骤。

⊙ 同样用蘸有柔和洁面液的化妆棉仔细洗脸，擦去眼部的妆容，再换化妆棉的另外一面清洗脸部，冲洗干净后，用爽肤水。

⊙ 在放大镜下，仔细检查皮肤。如果发现暗疮，点上一些抗生素软膏抑制它。

⊙ 使用眼霜、晚霜——根据皮肤情况而定。我使用修护晚霜、保湿霜或香熏面霜，涂在脸部和颈部。

⊙ 手脚和全身都使用润肤乳。

- **每周**

⊙ 日常护理基础上加上面膜。依据皮肤状况，面膜可以选择保湿、润白或者是清洁的。我一周做几次面膜，尤其是旅行的时候。

⊙ 我也使用固体苏打来磨面以去除死皮细胞，一周至少做两次。

⊙ 每周一次，用浴盐去除身体上的死皮细胞。可以使用专用手套或浴擦。

- **每6个月**

每半年看一次皮肤科医生，我很幸运在纽约认识一位很好的医生，也是我的好朋友。他常常给我做彻底的清洁，把皮肤下的深层油脂和白头粉刺清除。他还会用温和的去死皮法来帮助我进一步洁净皮肤。

照顾好手、肘部、膝盖和脚 *Hands, Elbows, Knees and Feet*

我偶尔会到美甲院做指甲。在纽约，每个街角都有美甲院，只要花 15 美元就可以得到半个小时的指甲修剪服务。但我还是喜欢自己在家做指甲，在听音乐或看电视时做指甲真是淑女的享受！

- **淑女的细节美学**

手脚、肘和膝盖，都是淑女细节的部分，要让它们美丽柔滑，除了清洁、保湿和去除死皮之外，还有几个好办法：

⊙　在家里的每个洗手池边都放置一瓶润肤露。洗手后立刻用它，来防止脱皮和干裂。

⊙　每晚睡觉前，在手、肘、脚和膝盖处涂上润肤霜。如每晚坚持的话，在夏天要穿露足凉鞋时，你一定很高兴。

⊙　洗澡时，用宽锉子或火山石来去除脚上的死皮。

⊙　做足部按摩。

⊙　当脚后跟变粗糙或是脚踝干裂时，就用火山石轻轻磨掉死皮后涂上大量的润肤霜，几分钟后穿上袜子睡觉。我经常这样做，尤其在冬天。

⊙　尽量不光着脚走路。

⊙　当觉得皮肤需要格外护理时，可在手上用面膜。

- **修指甲的基本工具**

火山石、剪皮剪刀、指甲剪、指甲锉、去除角质皮的木棒，护手霜、去光水、护甲油、指甲油和足尖分开物。

• 选择脚趾甲用的颜色

因为脚趾甲不如手指甲漂亮，所以鲜亮的颜色会使它们看上去好点。我经常使用鲜亮的颜色，如正红色。涂白色脚指甲也流行过，不过它很容易显脏。如果你喜欢轻盈的夏天，那就在趾甲上涂带有银片的银色，喜欢的话，可以继续用到秋天。

打理头发 *Hair Care*

头发非常重要，因为它是脸的"镜框"，对整个外表起很大的作用。改变头发可以显著改变整个形象。我保持"童花头"发型有18年了，多年来在电视上，都是那个非常整齐的童花头，甚至被用于化妆品公司的商标，在美发店中你也可以要求剪一个"羽西头"。不过，这个"童花头"需要我每天吹发来保持良好的形状。虽然这花了我好多精力，但是它的确是适合我脸型的好发型。当然，一定还有其他好发型适合我，只是我保持旧的发型很方便，给了我"安全感"。

• 从新发型获得新的力量

2003年，我在罗马探望我的妹妹时，错过了飞往柏林的飞机。下一班飞机是在6个小时以后。当时她正在美容院里，就建议我到那里等，而不是在枯燥的机场。就在那里，我决定要改变我的"安全发型"。

我允许自己改变。虽然不是每个人都喜欢我的新发型，但是每个人都注意到了。甚至未曾相识的路人也会和我打招呼说："羽西，你剪头发了！"

我喜欢我的新发型，它让我觉得有活力和不可预测，是另一种表达"我正在改变"的方法。新发型最大的好处是，我每天不必花那么多时间来梳理头发，再也不需要耗时地吹发了。剪了头发，我又学到一个简单生活的方法。我们的发型不应该是每天需要花很多时间打理的那种。

每当我看到有人有个不错的发型时，我会问她是谁剪的，她得到了赞美而我得到了信息。

- **照顾头发的方法**

　　我的发质天生就好，这省了许多麻烦，但我仍然细心照顾它，同保护皮肤一样。在不打伞和没戴帽子的情况下，我不长时间曝晒在太阳下；在没戴游泳帽前，也决不进入游泳池，因为水中的含氯成分会漂白黑发并使其变脆。

⊙　每天都清洗并护理头发。可以交替使用不同功效的洗发水——去头屑的、防止断发的、常规用的……每次洗头后一定要使用润发素。

⊙　在使用吹风机前，用毛巾把头发擦至八成干。过多使用吹风机对头发会造成一些伤害，所以千万不要用吹风机去吹还在滴滴答答滴水的湿头发。

⊙　如果感觉头发有些毛糙，可以焗油。除了按说明书上提供的做法，还可以把湿毛巾放进微波炉内加热半分钟，然后裹住搽了油膏的头发。我不在头上用橄榄油或类似的用品，它们很难洗干净。

⊙　补充维生素 A 可以增加头发的光泽，吃海藻、胡萝卜和核桃也可以帮助保持头发的美丽。

⊙　使用摩丝或啫喱来定型头发。如果头发乱了就喷一些水，再拨弄一下就恢复造型，真方便。

⊙　正确使用染发剂。当我发现自己开始有白发了之后，每 3 周，我都会在发根染发。黑头发同我们的黑眼睛更加相配，但染发时建议你选择深咖啡色，因为这样染出来很自然。我常自己动手染发，更省钱省时。在家的时候，我甚至会在半夜染发。

⊙　每 3 个星期修剪一次头发。

⊙　如果有剩的香槟或啤酒，可以用它来冲洗头发，能使头发有光泽，还能减少头屑。

- **通过发型改变个性**

　　在剪了新的发型以后，我买了一个和以前的发型一样的假发。任何时候只要我愿意，就可以随意转换发型。同样，为了配合不同的妆容，我尝试了其他颜色和发型的假发。正如你看到的，如果你选择正确的发型，任何长度都是可以的。接下来，让我们看看魔术般的改变吧！

◎ **马尾发型** 夹一个马尾在短发上，从头顶垂下的长发能使脸部拉长。马尾是把短发变长发最快捷又有趣的方法。

◎ **法式小辫** 在光线较强的环境中，淡棕色的头发能使脸的轮廓更柔和，看上去更年轻。小辫和刘海能使你的圆脸看上去长一些。

◎ **金色鬈发** 这种鬈发无疑是成功的——它的金既不太黄，也不是很白，适合亚洲人的肤色。这个发型的卷曲程度比较柔和。

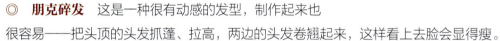

◎ **朋克碎发** 这是一种很有动感的发型，制作起来也很容易——把头顶的头发抓蓬、拉高，两边的头发卷翘起来，这样看上去脸会显得瘦。

在以上所有造型中，化妆都是一模一样的，但是由于不同的发型，能制造出戏剧化的不同效果。来学学这种通用的方法化妆吧。

1. 眼睛　用深咖啡色眼线笔在上下睫毛根部画眼线，淡咖啡色的眼影打在眼睑上和外眼角上，然后用深灰色的眼影加深外眼角部分。

2. 眉毛　用咖啡色描绘眉毛，并在眉骨上抹点本白色，增加对比效果。

3. 嘴唇　用一点淡杏红唇彩，唇线笔是中性色。

4. 脸部　用淡橘红的胭脂。

5. 鼻子　用棉签蘸淡咖啡色阴影粉沿鼻梁两侧画两条阴影，然后晕开。再沿鼻梁正中抹上一条本白色。注意一定要把淡咖啡色和本白色揉匀，千万不要留下明显的界痕。

护理牙齿和口腔 *Teeth and Mouth*

在美国，只要你打开电视就会看到许多亮白牙齿的产品的广告，拥有亮白的牙齿是每个美国人的梦想。美国的父母特别在乎孩子牙齿的矫正和保护。大概是因为常年生活在美国的缘故吧，我也非常重视牙齿的美观。

当然，拥有好的牙齿，首先要靠父母给你好的基因。我们总以为自己的牙齿结实、牢固，然而事实并不是这样。不能养成把牙齿当工具的坏习惯，除了咀嚼食物，牙齿不能作为任何工具。要修补它们，不仅痛苦，还要花很多的金钱和时间。如果你意识到你少年时拥有的牙齿将伴随你一生的话，你便会在生命中的每一天都好好照顾它们。

保护牙齿越早开始越好。拥有亮白牙齿和灿烂微笑的几个方法——

⊙　少吃甜食。很多英国人的牙齿不好就是因为他们吃很多糖，喝茶的时候都加糖。很多中国父母也是给孩子吃很多糖果，形成蛀牙之后，再长出来的新牙也不好，影响孩子一辈子。

⊙　小心护理牙龈。每天早上，我用食指套着湿的小毛巾来按摩牙龈，上上下下，前前后后。这样能帮助我预防牙龈疾病。

⊙　使用电动牙刷刷牙，可以使牙齿更清洁；最好随身携带牙刷，养成三餐后都刷牙的好习惯。

⊙　我不用牙膏的，我用的是苏打粉，是厨房用的小苏打；因为牙膏有太多的化学成分，小苏打是天然的，也可以使你的口气清新。同样的原因我也不用漱口水，太多化学成分了。

⊙　刷完牙后使用牙线，它能十分有效地清除牙缝中的残留食物，防止蛀牙。

⊙　用金属匙来清理舌头。舌苔上有许多细菌，清洗它会对口腔卫生有帮助。现在有的牙刷背部做成粗糙的表面，或直接用牙刷轻轻刷刷，也可以用来清洁舌苔。

⊙ 口气不清新时，请用漱口水漱口，而不是吃口香糖。

⊙ 从不把牙齿当作开罐头和咬坚硬物品的工具。我从不嗑瓜子或坚果，以免弄坏或弄裂我的牙齿。

⊙ 每半年做一次专业的口腔清理来防止牙斑形成（由于遗传的因素）。口水是形成牙斑的主要原因，比如我的口水，天生就会促使牙斑的形成，所以我每 3 个月去看一次牙医。而且每次清洗后，我的牙医会检查我的牙龈和所有牙齿，并为牙齿拍 X 光片来看，以防止可能生成蛀牙。

⊙ 有些人的牙齿呈灰黄色，这是因为他们在幼年时服用四环素的缘故。那么只能推荐你去做烤瓷牙，虽然工程大，费用高，但是效果好。注意你选的牙齿颜色千万不要比你的眼白更白。

⊙ 如果你的牙齿很黄，但不是因为四环素的话，有一种方法可以不用去看牙医就能使你的牙齿变白：就是利用橄榄油来美白牙齿（Oil pulling）。每次将一勺橄榄油含在嘴里 3 分钟，坚持 1～2 个月时间，你就会发现牙齿变白了。

⊙ 现在有很多人重金属中毒，最主要的问题就是来自我们的牙齿。如果你的牙齿里面有很多金属，比如以前补牙的金属，不仅是混合金属，还包括黄金；如果你有，一定要把它们取出来，替换成烤瓷牙。如果你做过根管治疗，也请拿出来，替换种植牙。因为根管会产生毒素。

微笑是给人最好的但不昂贵的礼物。

——羽西

万能的双氧水溶液

3%浓度的双氧水溶液是我每个家庭的常备品，我旅行时也会带一小瓶。这个普通的棕色瓶子里藏着很多的奇妙功效。

1. 如果你的口腔经常上火，起小泡泡或溃疡，可以把一小口双氧水溶液含在口中2分钟后吐掉，你的症状就会很快好转。我常在洗澡的时候这样做。

2. 常用它漱口可以让牙齿变白。

3．如果你的牙龈肿痛得非常厉害，而又不能及时去看牙医的话，就把一瓶盖的双氧水溶液含在口中10分钟，一天数次，这样你的疼痛就会缓解很多。

4．如果身体上有小的创口，可以涂用它，很快就会消炎去肿。

5．把牙刷浸泡在双氧水溶液中可以防止细菌滋生。

6．把双氧水溶液和水按照1∶1的比例混合后，作为安全有效的消毒剂喷洒在洗手间、浴室和厨房。

7．想让衣服更白，就在洗衣服的时候加一点双氧水，它还可以轻松地洗掉衣服上的血迹。

服饰
Clothes and Accessories

着装成就人。什么都不穿的人对社会的影响力小到几乎没有。

——马克·吐温

几乎所有认识我的人都知道我最喜欢穿红色。为什么我总是穿红色呢？因为红色使我的皮肤看上去白皙，让我的黑眼睛和黑头发更亮，连皱纹都不见了。中国淑女们要学会如何选择最适合你的颜色，并看看别人的反应！

买衣服的诀窍　*Shopping Tips*

每个女人都应该学会如何聪明地买衣服。衣着直接反映出你是一个怎样的人，所以懂得如何通过衣着，向别人展现出你独特的气质和形象，就变得重要起来。优雅的女人应该是智慧的、有品位的、有个性的、有眼界的，但却并不是潮流牺牲品。有很多人问我什么是潮流，我们要怎样追求潮流。我可以直接告诉你，我不追求潮流，这两个字本身就是很快就过时的意思。聪明的女人应该知道什么样的衣服才适合自己。我想同大家分享 4 点购衣技巧。

- **颜色**

这是我在买衣服时第一考虑的因素，因为尺寸大小可以改，颜色却不能改。基本上，我发现我 30 年前买的很多衣服到现在我还是非常喜欢，像红色、黑色和桃红色。这些经典的颜色，永远都适合中国人的皮肤！我进行过中国人皮肤色彩的研究，所以我只会穿适合自己肤色的衣服，而不是什么所谓的"国际流行色"。我的研究告诉我，用做基本色的黑与白，用做辅助色的孔雀蓝、明亮的粉红色、翡翠绿和宝石蓝都非常适合我。而中国人的皮肤是偏黄的，咖啡色和芥末色只会让我们的肤色看起来更黄，所以即使芥末色的衣服款型好看、价格便宜，我也肯定不会买这种颜色的衣服。因为穿着它，我会看上去又老又疲惫。就是因为知道我适合与不适合的颜色，所以对我来说买衣服很简单也很迅速。

- **面料**

天然的丝绸、羊毛、棉、羊绒质料，又漂亮又舒服。现在许多新的面料都有弹性纤维和莱卡，它们让衣服合身，也不错。若是贴身的衣服，我会买最好的质料。

有两种面料的衣服是我不喜欢买的。一种是亚麻，因为虽然在商店里看上去很不错，但它们太容易皱了。另一种是让我觉得发痒的安哥拉羊毛。让人不舒服的面料再好看也不买，这是我的购衣原则。

- **剪裁**

你有注意到吗？有时候，我买一些贵的衣服是因为它们的设计、颜色和面料好，但欧美牌子的衣服有一些上身通常都太长，会显得我们中国人的腿太短。所以我会修改它，令它更加完美。如果衣服不合身，就算是再好的牌子，也需要修改，有时候修改新裙子所花的费用甚至超过原本的价格。在中国我们很幸运，裁缝师傅很多，价格也比较便宜。有的时候皮的衣服都可以改得很好，所以我们需要利用这种优势。

- **价格**

无论什么价格，总会有人觉得贵，有人觉得便宜。总的来说，我不会为只穿一季的衣服花太多的钱；但若是可以穿很久的好衣服，就不怕多花点钱，它们是我衣橱里最基础的部分。当然你会说，羽西你有钱买名贵的衣服，所以都好看。对，也许它们可以是"都好看"的，但未必是适合你的呀！我虽然穿名牌，但我并不会因为它们有名而去购买它们，我花钱的唯一原因就是它们的衣服真的是适合我！比如大多大牌的衣服就不适合我，我会买它们的包包、鞋子和其他配饰，但它们家衣服的上身比例真的不适合我。永远记住，适合你自己的才是最好的。

"轻松衣柜"让你穿戴得体
"Easy Closet" Makes You Look Great All the Time

多年来，我衣服的基本式样变化很小。我对待衣服就像对待自己一样忠贞不变。

——索菲亚·罗兰

在现代忙碌的工作和生活中，淑女擅长把事情化繁为简，这里有我"轻松衣柜"的诀窍。它会用最简单的三部分——基本色、三种辅助色及必备的配件来让你轻轻松松穿戴得体。除此之外，确定基本色和三种辅助色，对选择饰品、形成个人风格很有帮助。

● **一种基本色（以黑色为主）**

这些黑色衣服构成我衣柜的基础。以下是我常穿的 9 种衣服——

⊙ 外套（长度以遮住臀部为好，这使身材显得更修长）

⊙ 裙子

⊙ T 恤或是有翻领的衬衫

⊙ 内穿的紧身毛衣

⊙ 裤子（宽松直筒裤）

⊙ 羊毛披肩（我一年四季都用到）

⊙ 黑色连衣裙

冬天时我会加上

⊙ 能在室内及室外穿的毛衣（我有很多件高领的羊绒毛衣）

⊙ 大衣

这些基本的衣物我都会选择一个颜色——黑色，并且是高质量的面料，像华达呢（Gabardine）和毛料，都能穿出很好的效果，并且不会变皱，又耐穿。

黑色是经典颜色的6条理由

1. 永远不过时
2. 耐脏
3. 能和任何颜色搭配
4. 能让你看上去更苗条
5. 看上去很昂贵，但也许实际上并不是
6. 你能一年四季全天候穿着出席任何场合

如果不喜欢黑色，你可以选择其他相对中性的颜色，比如深蓝、炭灰和深咖啡色，都可以，但要注意这种颜色必须能与所有其他颜色搭配。

这些东西是最经常穿的基本款，它们应该做工良好，款式经典，不易过时。

• 三种辅助色

建议你把除中性颜色的基本款之外的衣物颜色限制在三种颜色以内，至于是哪三种，有

⊙ 与著名影星拉尔夫·费因斯在上海国际电影节开幕红毯

时候可以改变一下。也许你会问，为什么只能有三种颜色？理由是这有助于你搭配衣服。不要犯买太多颜色的衣服但无法搭配的错误，这只会使你感到没衣服可穿。掌握这个原理，你买起衣服来会又快又简单——我只选择我穿的颜色。

在我的配色表里，有超过 50 种适合亚洲人肤色的颜色。根据多年来对色彩的研究，我发现有三种颜色最能衬托亚洲女性的黄皮肤——桃红色、红色和橙色。但在你做决定前，一定要确定这些颜色穿在你身上真的好看，而且你也是真的喜欢它们。你选择的辅助色将决定你所有装饰品的选购，包括其他款式的外套、

裤子、衬衫……有时候它们的款式会类似基本款，你可以趁机让衣柜更有趣、更时尚。

比如说，我的辅助色系毛衣可能是一件套头高领毛衣，我的衬衫可能是粉红色的，配上蝴蝶结或者有浅绿色条纹的别针。我的短上装就有可能是这一季最时尚的红色蕾丝边。

有一种自己标志性的颜色并没有错，但不要一成不变。你知道，我的标志性颜色是红色，但红有很多种，我会穿各种各样不同的红色。我也会选择这个颜色不同面料、不同款式的衣服，每次都会给人不同的感觉。

• 淑女的必备配件

就像衣服一样，装饰品也分为基本件和附件。基本件应该是最简单、最经典，也是你衣柜中最常用到的。我经常会用这些饰品，所以我总是买质量最好的。当我有了一定数量的基本饰物后，就能添加一些新潮的装饰品。

大多数现代女性的衣柜里有三种衣服，休闲装、职业装和特殊场合的着装，同时还该有相应装饰品以供搭配。

◎ 手提包

你认为哪个饰品最重要？许多人会认为鞋最重要。实际上，手提包是最重要的——总是随身携带，一天会打开它很多次，人人都会注意到它。为此，我不吝惜花钱买好的手提包。设计精美、质量上乘的名牌手提包很重要，但是更重要的是实用性。

当我去买包的时候，我肯定清楚它的用途是什么。如果是用于旅游，那就一定要大、轻，并且分为很多格，容易找得到想要的东西。但是如果是用于日常工作，它可以是中等大小，有拉链，并且至少有两个夹层用于存放日常所需，比如我的手机、化妆包和钱包等。至于晚宴用的包，我喜欢柔软的那种，这样我就可以多放些东西进去了。有些晚宴用的包实在太小，连一个粉饼和手机都放不下，这样的包我从来不买，无论它有多诱人，因为最终它们会待在我的衣柜里毫无用处。腰包是另外一类很有用的包，去逛街购物和外出旅行时我用它来放最贵重的东西。

◎ **鞋子**

我想许多女人都是很喜欢鞋子的。但不幸的是，大部分女人虽然有满满一柜子漂亮鞋子，最常穿的还是那么几双。和你一样，我也不能抗拒买鞋的诱惑，这的确是我的一个弱点呀。

我鞋柜中大部分的鞋是什么样的呢？与我衣柜中的衣服相同，大多是黑、红、粉和橙色的。我从来不穿白色的鞋，太容易脏了。在夏天时，我选择米色的鞋——浅的中性颜色，比白色要容易保养。

5厘米跟的黑色无搭襻船鞋是很经典的款式，它使双腿变得修长！5厘米的跟可能也是穿起来最舒服的高度——就算你认为平跟鞋穿起来已经很舒适了，但和5厘米跟船鞋比起来它还是略逊一筹。

参加晚宴或出席特殊场合时，金色或银色的鞋子（或是红色或黑色丝质高跟鞋）搭配上金银首饰，一下子就能显出华贵的气质。我喜欢在鞋子上增添一些莱茵石或宝石的夹扣，稍稍改变，就能穿上它参加宴会了。在休闲的周末或工作之余，我还有几双舒适的散步鞋和运动时穿的运动鞋。如果不好好打理，一双800元的鞋看上去就像80元买的。所以，真正的淑女除了会搭配鞋子，一定还会注意打理它们。

◎ **框架眼镜和太阳镜**

如果要戴眼镜，那眼镜就是面部重要的装饰品——它在你面部最显著的部位！很多名人，像埃尔顿·约翰（Elton John），都把眼镜作为他们的标志。跟上潮流的最快方法就是选择一副款式和颜色都非常时尚的眼镜，就算不是很昂贵，也一定要适合自己的脸形。

亚洲女性的头发是黑色或深棕色的，所以大多数眼镜框的颜色都适合。我有黑色和红色的眼镜，与衣柜里面的所有衣服的颜色相配；当我戴金色或银色的首饰时，就会用金边或银色边框的眼镜。

选择好眼镜以后，记得配上相配颜色的唇膏——用粉红、蓝色、紫色的唇膏或穿这些颜色的衣服时，就戴银色眼镜；而当用橘色、红色、咖啡色唇膏或穿这些颜色的衣服的时候，就选择金色眼镜。

选择眼镜的规则

1. 眼镜架的上端应该遮住眉毛，不然看上去就像有4条眉毛。
2. 鼻托应该正好卡在鼻梁上，而不是让眼镜的下缘架在颧骨上。
3. 颧骨较宽的人尽量选择宽镜框；面部较窄的话则应选择精细的框架。

◎ 隐形眼镜

虽然框架眼镜可以戴出女人特别的职业感或艺术气息，但更多女人还是愿意选择戴隐形眼镜。我也是这样，尤其是运动或当我站在台上需要念东西的时候。不过我只戴一只隐形眼镜——用戴隐形眼镜的眼睛阅读，而另外一只看远处的事物。

要注意的是现在时髦的彩色隐形眼镜，眼镜有颜色的部分影响透气性，有颜色的部分越是大，透气性就越差。这样的隐形眼镜不能天天戴，每次佩戴的时间也不能太长，而且要特别注意清洁。

除了这些配件，淑女还要有足够种类的首饰。这是我最心仪的部分，将在下一部分详细地讲解。

◎ 围巾与披肩

围巾的用途广泛、样式繁多、色彩鲜艳、价格实惠……听着像是做广告，但它确实能有效地为服装增添光彩。记得我为羽西美容顾问设计的第一套制服就运用了很多不同颜色的围巾，这一传统一直延续到今天。现在你依然可以看到我们的美容顾问通过围巾让她们的服装和化妆达到了和谐统一。

由于围巾与脸部非常接近，颜色应该是最先考虑的因素。我喜欢与我的肤色相匹配的围巾，因为这些颜色能衬托出我们亚洲人的肤色，一旦买了，就会用很久。

作为配件，披肩不仅漂亮，而且很实用，淑女们最应该学会使用这样的配件。我大部分披肩的质地都是或薄或厚的丝绸或羊绒。在春秋季，披肩是绝佳的外套替代品；在寒冷的冬天，在你需要的时候，披在大衣上的披肩为你带来多一分温暖；即使处于炎夏，夜晚外出时我仍会带上一条披肩来应对空调房间和室外的温差。

参加晚宴时，我会选择有刺绣或小金属片的大披肩。我有一些中国和印度出产的非常精美的披肩，每次我披上它们，人们就会惊叹其精巧的工艺。

我选择的不同类型的围巾

长围巾　雪纺或羊毛都可以，在颈间绕一圈，让两端自然垂在胸前。

大方巾（89cm×89cm）　将方巾折成三角，围在套装或衬衫外面。

长方形围巾（30cm×70cm）　用法非常灵活，可以在胸前打一个结，或者作为腰带或头巾。

小方巾（48cm×48cm）　拧成股系在颈间，可代替项链。

把围巾当作你的另一件衣服——化妆应与丝巾相协调，就像与衣服相协调一样。

◎　**帽子**

当你去英国时，你会发现很多女性都戴帽子，这是由于皇室的传统。已故的戴安娜王妃生前戴过很多帽子。世界上最负盛名的集会是由热衷赛马的英国皇室所主持的英国阿斯科特赛马大会（Ascot Race）。在那里你能见到世界上最漂亮的帽子，每一位女士都戴着帽子，一顶比一顶独特，一顶比一顶漂亮！

帽子有两种类型，正式的帽子比较大，看上去很有戏剧性，它们至今仍存在的唯一原因是用来与整套服装搭配。另一种是非正式的帽子，当你穿上休闲服打高尔夫、打网球，或者外出旅游的时候就可以戴上它。

对我来说，戴帽子的一个非常重要的原因就是遮挡阳光。除了防晒霜以外我还需要帽子来防晒，这时我会选择草帽。我有一个女朋友，当她觉得某一天头发不好的时候就戴上帽子，帽子既遮盖了她的头发又让她看起来很吸引人。

选择帽子时，不仅要考虑到帽子与整套服装的搭配效果，还要考虑你的脸形和体形，它们必须保持和谐统一。如果你像我一样脸形偏方的话，就戴宽檐帽吧，窄檐帽会让脸看起来更大！

帽子与整体的配合

1．戴帽子时要特别仔细地化妆，因为帽子会将人们的视线吸引到脸上；除非你像躲避镜头的明星那样再戴上一副大墨镜。

2．出于同样的理由，选择较小的耳环以收到这一效果，不要让帽子和首饰相互冲突。

◎ 手套

红色和黑色的手套是最容易搭配的。

购买手套时一定要考虑到你用这副手套的特定场合

1．出席宴会　五个指头的略长的手套。

2．出席正式晚宴　长及肘部的手套可以用来搭配晚装。

3．出席活动　白色棉质短手套配无袖长裙（就像电影《漂亮女人》中的朱丽亚·罗伯茨那样）。

4．其他手套就是戴起来好玩而已。

◎ 钢笔

包里的钢笔也可以作为装饰。挑选一支漂亮的钢笔，这件小东西也能显现出你的个性。一支钢笔可以像钻石、金银珠宝那样昂贵，也可以是价格不高但有特色的。留心看看大家是怎么注意到它的吧！

◎ 腰带

因为我的腰围不是很理想，我一直不敢多用腰带。如果没有正确使用腰带，它就使你的腰看上去更粗。我有几条11厘米宽的腰带，由于它的质量上乘，用了十多年至今仍旧十分漂亮。

买质量上乘的腰带，可以经久耐用。

首饰 *Jewelry*

不戴耳环出门的女人应该被抓起来！要想面孔锦上添花，耳环是必不可少的。

——肯尼思·杰·莱恩（Kenneth Jay Lane，首饰设计师）

世界著名女性摄影家贝蒂娜·兰斯（Bettina Rheims）在为《上海女人》一书拍摄照片时曾向我抱怨，大部分中国女性的衣橱都比较单一。"最糟的是她们甚至没有一对珍珠耳环或一串珍珠项链！"对于摄影师而言，缺少了首饰与配件，照片就少了生气。不过我知道，在传统的中国风俗中，女孩子出生不久就会被长辈用几颗绿豆捻薄耳朵，然后穿上耳洞。

我喜欢印度悠久的历史、旖旎的自然风光，以及神奇的宫殿和其中所洋溢的一种灵性。我也特别喜欢印度人，不论男女，都穿着鲜艳的服装，并佩戴首饰。即使在最贫穷的村庄里，也能看到不论什么年纪的农村妇女都佩戴着手镯、耳环、戒指和项链，甚至是在农田里！而且男人们佩戴的首饰和女人佩戴的一样精致。我从没有见过其他国家有这样可以与之媲美的风俗。

首饰是用来装饰自己的，但你也可以用它来创造自己独特的个人风格。

关于首饰的不得不知

1. 把你的首饰分类。如果佩戴金耳环，就配上镶有钻石或宝石的金质手镯、挂件或胸针。在佩戴银质首饰的时候，规则也一样。

2. 以上的规则可以用于衣服的纽扣。

3. 不论白天还是晚上，珍珠首饰搭配任何服装都非常合适，但运动装除外。

4. 可以把做工精良但相对便宜的首饰和昂贵的珠宝搭配使用。

- **耳环**

看一下外国的电影或电视剧，你很难找到一个不戴耳环的女性。有耳环的着装才算是完整的搭配，这样才能让你显得"穿着得体"。有时候，戴一对耳环可以让一件简单的衬衫立刻变得非同一般。

耳环同样也可以分为休闲、工作以及特殊场合三种类型。

用于白天工作的，去参加重要商务会谈或者应聘面试的，我建议你买3副：

- ⊙ 黄金耳环
- ⊙ 银质耳环
- ⊙ 珍珠耳环

休闲耳环可以是塑料的或者任何简单的材质。

晚会或特殊场合的耳环应该是钻石或珍珠做的，有闪光的那种。造型可以是圆圈或是长长的悬垂型的那种。

- **项链**

和耳环、戒指这些首饰不同，项链的使用显著地带给服装新活力，同一件衣服，配上不同的项链就会有别样的味道。

一条合适的金项链或者银项链不需要太长，和颈部的周长大致相同即可。而且就算是同一条项链，也可以有不同的戴法——绕一圈、两圈，或是和别的项链搭配起来。试试同时佩戴一串较短的珍珠项链与另一条约80厘米长的珍珠项链，奢华的感觉呼之欲出。

一条合适的中等长度的金项链或银项链的长度大约为51厘米。

- **胸针**

一枚美丽的胸针作用很大，可以在不同场合用它，并富有创意地组合在一起。我有一个女朋友，她只把胸针别在套装的肩部；还有一个朋友把一整套小型的胸针（它们在大小、颜色、风格上都是统一的）别在口袋上，非常可爱。我也这样把一套小胸针别在衣领或者任何我喜欢的地方。

珍珠胸针适合职业装扮，而红宝石、钻石、人造钻石则是晚宴的最佳选择。

尝试一下把胸针别在肩部、翻领毛衣领口、袖口、裤子口袋甚至头发上（它甚至能够用来别你的发髻或马尾辫）。把一枚精致的胸针别在一件旧夹克上，能立刻让它感觉变新了许多。

- **戒指**

除了订婚钻戒和婚戒是需要特别留心去挑选的之外，日常生活和工作中淑女们可以尽情选择喜欢的戒指。颜色和质地在上面已经讲了很多，对于戒指我觉得有必要说的是不同的戴法所表达的意义。

戒指戴法的意义

1. 戴在左手无名指　已经订婚或结婚。
2. 戴在左手中指　正在恋爱。
3. 戴在左手小指　表示独身。
4. 戴在左手食指　想结婚，表示未婚。

按西方的传统习惯来说，左手与心相关联，因此相对来说戒指戴在左手上是有意义的。现在各式各样的戒指层出不穷，人们戴它也不再严格遵守规矩，只要记住左手无名指不是随便能戴戒指的就行。

- **手表**

就算是从来不买饰品的人也该有一块手表——手表是一件有重要功能的装饰品，很多珠宝品牌也都有自己品牌的手表。

有三种手表适合淑女：休闲表、工作表和特殊场合用的表。

大多数时间我戴工作用的手表，它是我在能承受的价位上买的最好的，也有不错的设计。我还会选择一些黑色和红色表带的手表，还有金色和银色的，因为它们能和我所有的衣服和首饰配套。

挚爱内衣　*Lingerie*

文胸、唇膏与高跟鞋是成长中不可或缺的挚爱。

——摩西·道比尔

我对漂亮内衣的喜爱源于我的第一个男朋友，他说他特别喜欢女人穿吊袜带。当时我真是吓了一跳，我从来没想过自己会穿那样的东西，我的妈妈、我的朋友们也从没穿过！有意思的是，一旦你真的穿上了吊袜带，你就会一下子感到自己是多么的性感和迷人，而且特别有女人味。接下来要说说我的前夫，他喜欢漂亮的内衣和睡衣，还总是给我买——他实在无法忍受我习惯穿的那种丑陋的睡衣裤。之后我就渐渐意识到，每当我有一个新的男朋友，我总会给自己买很多漂亮的新内衣。

不过现在，我买漂亮的新内衣只为了我自己，不是为别的男人，不是"女为悦己者容"，而是"女为悦己容"。这一点让我感觉自己非常有女人味，真好！

⊙　2014 中国环球小姐总决赛内衣秀

- #### 文胸和底裤

我的好朋友张丽莉是内衣设计师，她告诉我说，根据他们公司的调研，有

85%的女性穿着错误尺寸的内衣！我从来不买不能试穿的内衣，试穿的时候一定要非常认真，关键是bra是否真正在你不觉得难受的情况下充分显示出你身材的优点。

有不少女人常常忽视内衣——她们可以花上万块买外套和包包，却依然会在地摊上挑10块钱一条的内裤。想成为公司午餐时的八卦话题吗？当你优雅地弯腰捡起掉在地上的文件时，让别人一眼瞥见你露出低腰裤外印着"发财"的红色内裤吧。

买成套的文胸和底裤是聪明的选择，你不用再花心思去考虑如何搭配它们。

• 束身衣

玛丽莲·梦露曾有过一句名言："摄影师曾告诉过我，我最迷人的两点就在腰和脖子之间。"胸部是凸显淑女魅力的部位，没什么不好意思的，为了让这"两点"更健康、更迷人，除了漂亮的bra之外，我要向女人推荐一件很好的法宝——束身衣（corset）。不同于梦露时代，现在的束身衣可以非常舒适地

托起胸部，同时让腰线变得迷人，显示出女性身材的风采。设计师陆坤为我设计的礼服里也加有束身衣，每次我穿上，都情不自禁地感叹，我的身材看上去真不错呢！

我没有小孩，我想如果我是母亲的话，就会在女儿成年的生日时送一件束身衣给她，帮助她完成从女孩到女人的转变。

购买束身衣的时候要考虑到会和什么衣服搭配，是低胸装的话就买半罩杯的，颜色可以是肉色或黑色；如果是搭配紧身礼服，就不要选择有褶皱或绣花纹样

的，以免透出来。还有些很漂亮的束身衣，你在外面加件外套就可以穿上街，这样的话就要特别注意颜色，不要选择肉色或与皮肤贴近的颜色。

- 睡衣

家是很私密的地方，但家更应该是淑女散发迷人魅力的地方。不过非常遗憾，现在中国女性在这一点上做得还不够，在众人面前可以称得上是淑女，漂亮又优雅，但一回到家就完全忽略了自己，变得邋邋遢遢！

不管是半透明的性感睡衣，还是优雅的拖地长睡裙，挑选上见仁见智，但请至少买一件漂亮的睡衣给自己，作为焕发淑女味道的最好方式。

应用流行来创建自我风格

Incorporate Popular Trends into Your Own Style

显眼的是最新的潮流，但真正有用的还是经典的服饰。

——羽西

身处时尚行业，每次访问，记者们都会问到同一个问题："本季最流行什么？"我大部分时间住在纽约，每年都会去米兰、巴黎、东京，当然我非常了解每一季的流行趋势，但这并不意味着我们要成为流行的奴隶。只有当它适合你的时候才选择它。（我知道有时候一些人会是盲从的！）有一些衣服其实并不适合你的体形，但仅仅因为它是流行的，就吸引了你的注意力。我深信无论在哪里，自己的风格都远比时尚和流行更加持久。

如果我发现了适合我的款式，宁愿买上10件那样的衣服，然后一直穿下去——才不管潮流是什么。

以下是我在每季都会做的一些事情

1. 买一些能够与我的衣橱中的衣服颜色相搭配的新款羽西唇膏和指甲油，并用它们来更新我的妆容。一支新款的唇膏能让你迅速与流行同步。

2. 如果有一套当季流行的衣服，款式和颜色与我的身材和肤色都十分相配，而且价格适中的话，也许我就会买一套。不买也可以，因为流行总是来得快，去得也快。

3. 如果今年的流行色与你的肤色实在不相配，但你又想用它，那就用在离你的脸部较远的地方。譬如，你可以在裤子、衬衫甚至在表带上运用这种色彩。

不同场合服饰与妆容的搭配
Different Looks for Different Occasions

> 我只要求看上去就像我自己，非我莫属；要做到这一点，不能依靠奇形怪状，
> 只需把自然赋予的一系列不规则的组合略加修饰就可以了。
>
> ——索菲亚·罗兰

化妆确实很神奇。如果你懂得了化妆技巧，你可以创造出任何一种你想要的容貌。这一点很有乐趣，而为你带来乐趣也是化妆的一个目的。在这一节里，我将和你分享我用自己的脸创造出的不同形象。我希望你也可以试试，享受一下无限可能的变化。

一个完备的衣橱里应该有三种不同类型的服装，用来适应工作、类似晚宴的社交活动和平日的休闲生活。我感觉淑女一定要意识到服饰与妆容是相互关联的，穿不同的衣服，妆容也应随之改变。你穿着 T 恤、运动裤和运动鞋时，就不能涂上很深的红色唇膏。接下去的部分我会举例说明服饰与化妆的一致性。

职业装扮 *Professional Look*
简单点说，就是你可以穿去上班的装束。虽然有些人可以穿休闲装去工作，但大多数人上班时还是需要穿得比较职业和严肃一些，特别是外资公司。根据这个特点，化妆不能太夸张，

但一定要化妆，这代表对工作的尊重，会给同事和客户良好的印象，也会让自己在工作时间更自信。

- **职业装**

  衬衣配套装、长筒袜和低跟鞋就是最基本的职业装。

  在职业装中，修身的套装毛衣是很好的一个经典款，它很基本，却永远时髦。我有棉质的、丝质的以及羊绒的；有三翻领的、中高领的和圆领的。

套装毛衣的百搭法

1. 在外面穿有纽扣的夹克或者风衣。
2. 搭配长裤、长裙或短裙，可以搭配出很多花样。
3. 单穿的时候搭一条披肩或围巾。
4. 喜欢的颜色多买几件，可以搭配不同的饰品。

- **与职业装扮相搭配的工作妆**

  用这种方法化妆大约需要 5 分钟。

- ⊙ 用柔和洁面液清洁脸部后，涂抹含有防晒成分的乳液
- ⊙ 点遮瑕膏
- ⊙ 打粉底霜
- ⊙ 画眼线
- ⊙ 抹眼影
- ⊙ 卷睫毛
- ⊙ 上睫毛膏（黑色）
- ⊙ 如果有必要，再描眉毛

⊙　涂唇膏（颜色与你选择的衣服同一色系）。

⊙　用唇笔或是刷子画上唇线，颜色与唇膏一致或是略微偏暗。

⊙　用和唇膏一个色系的胭脂。

⊙　用粉饼或散粉、透明粉饼或完美无瑕两用粉饼定妆。

⊙　喷点香水。

　　使用睫毛夹的小窍门：把睫毛夹用电吹风吹几秒钟或是用热水冲一冲，再夹，睫毛会更容易卷翘。

　　很多亚洲女性都想通过化妆把眼睛画得更大一些。眼线笔、眼影、睫毛膏是最重要的工具。

最基本的画眼线工具

　　1．眼线笔　这是最简单，也是最灵活的工具。它能够给你最柔和的效果。画一条线后，用手指、刷子或棉签揉开，造成雾状的效果。

　　2．眼影粉/眼影膏　效果比眼线笔明显，需要用小刷子蘸着画。

　　3．眼线液　虽然卸妆稍微麻烦一点，但它不会轻易褪掉，适合有整天活动不便补妆的情况。

　　无论是选用以上哪种，我最喜欢的颜色是咖啡色和黑色。

画眼线最常犯的错误

1. 没有涂满睫毛根部错误！ 眼线一定要画在睫毛根上，睫毛根之间千万不能有缝，让眼线成为睫毛根的一部分。画完后，眼睛直视镜子，如果眼球和睫毛根部中间还能看到白色的皮肤，那就再涂一遍，否则眼睛看起来会更小。

2. 眼线要尽量涂得宽错误！ 眼线要画多浓或多宽的确完全由你决定，浓、宽的眼线会很戏剧化，但一定要注意与整个妆容相配。

3. 眼线不均匀不流畅错误！ 掌握用眼线液是困难的，没什么好办法，就算选对了产品也要多加练习才能自如地画好眼线。

晚宴的装扮　*Formal Look*

在以前，就算晚宴再正式，也会有人把上班的衣服穿去。现在，大家已经能够区别晚宴装与职业装了。其实除了非常正式的晚宴，我们也可以不做彻底的改变，稍稍变换一下白天的衣服和妆容就能出席晚上的活动。

· 晚宴装束

黑色是最好的选择。白天穿的长裤套装，到了晚上，就戴上一副水晶耳环，换上银色的高跟鞋，再别上胸针或者是戴上一条与耳环相配的项链，都能立刻提升华贵感。如果要性感一些就把拉链往下拉一点，露出漂亮内衣的蕾丝花边，把大手提包换成有水晶点缀的小手袋，并配上一条与鞋或包搭配的彩色披肩。

如何迅速改变发型

如果你像我一样是短发，那就喷一些定型水，用手拢出形状，头发就又亮又有活力了。如果是长发，就把头发盘起来，戴上发夹或是别个别针作为点缀。

- **晚宴妆容**

如果有足够的时间，就清洁除眼睛以外的整个面部（眼睛已经化好妆了）。涂了面霜后，用些遮盖霜遮盖色斑和有疤痕的地方，抹匀。擦一些粉在脸上，使皮肤看上去更完美。突出你眼部的化妆，涂两层睫毛膏，用与围巾同一色系的胭脂。

在晚上，唇膏的颜色会弱一些，所以应该选比白天的颜色略深或艳的口红。一款深色口红会令你看上去更为隆重。用唇笔来美化并突出你的嘴唇。在唇的中央略微涂上唇彩，喷点香水。

收腹、抬头、微笑，享受你的聚会吧！

两样我离不开的化妆品

1. 遮瑕膏　遮瑕膏是化妆程序中的重要部分，它能把脸上所有的瑕疵都遮盖住——青春痘、红血丝、雀斑、皱纹。

2. 眼线笔　它能使眼睛看上去更大一些。亚洲女性的眼睛大多比西方女性的小，所以眼睛需要清楚地勾勒出来。对于这一点，眼线笔比睫毛膏更有效。这是因为我们的厚眼睑遮住了一半睫毛。

休闲装扮　*Casual Look*

世界的时尚潮流明显向着休闲靠拢。大部分公司现在都有"休闲星期五"，IT、广告和设计公司的员工早就穿着休闲装上班了。不论什么年纪，大家好像都穿着一样的衣服。这些衣服你能从很多休闲服饰专卖店里买到，下班后、周末或是锻炼时穿。

- **休闲装**

休闲装是不是始于 T 恤呢？现在，大多数流行的 T 恤都比过去紧身、暴露（起码年轻人是这样的）。T 恤有太多穿法——单独穿，穿在休闲夹克甚至衬衫里面；配任何

牛仔布的服装。

我喜欢有莱卡或是其他弹性面料的服装，包括弹性皮革衣物！这种夹克、裙子、衬衫、紧身牛仔裤、长裤非常贴合身形，穿上去会很好看。不过若用于运动，你就别买太贵的。

• **休闲彩妆**

非常简单，5分钟内搞定。

◎ **清洁** 用柔和洁面液清洁脸部，并涂抹含有防晒成分的面霜。

◎ **遮瑕** 遮瑕膏是必需的。混合好遮瑕膏后，用小刷子刷在脸上所有的斑点及其他瑕疵上。颜色比肤色略浅。

◎ **画眼线** 如果你的眼睛很大，就可以跳过这个步骤。

◎ **涂唇膏** 哪怕只是一点点唇膏或者唇彩，也能为嘴唇增添很多色彩。

◎ **涂腮红** 注意腮红要与唇膏同色系。微笑着用刷子把腮红扫在两颊最高的颧骨位置。

◎ **定妆** 化妆结束后用一点散粉、透明粉饼，或是完美无瑕两用粉饼。

◎ **香水** 出门前喷上一些香水。

个性化的金属装 *Metallic Look*

因为这种服装和妆容都闪烁出金属的光芒，所以叫作"金属装"。

• **服饰**

通常情况下，我不会买浅灰蓝色的衣服，它会让我的黄皮肤看上去很黯淡。但在下面两种情况下，可以穿这种颜色的衣服。

◎ 如果这种"灰"是带有银光的，就可以穿适合亚洲人肤色的亮色面料，和黑亮的头发相搭配。

◎ 如果有正确的配饰，比如用一副水蓝色耳环和一条黑色加水蓝色蕾丝边的项链，利用它们来把脸部和衣服隔开就可以了。

- **发型与化妆**

◎ **发型** 把头顶和后脑勺的头发蓬高，脸看上去会长一些。把额角上方的头发拨到两侧，让脸多露些出来。再把发鬓的头发放在耳朵前面，而非夹在耳朵后面。

◎ **眼部** 在上下眼睫毛根部画上很浓的黑眼线，而且眼线要延伸到外眼角外面连接起来。在眼睑上抹些深咖啡色的阴影粉，眉骨上抹些银灰色眼影做高光，眉毛上抹些浅咖啡色阴影粉。在眼睛周围抹些亮光色粉。在眼睛的外眼角粘几条假睫毛。

◎ **嘴唇** 用淡粉红的口红，加点银色高光。

◎ **脸部** 用少许淡粉色胭脂均匀抹在脸上。整个颧骨上抹点银色高光，在两颊边抹些浅咖啡色阴影粉，使脸部色彩更柔和一些。

◎ **鼻子** 用棉签蘸浅咖啡阴影粉在鼻子两侧轻轻地画两条直线到鼻尖。再沿鼻子正中用本白阴影粉抹一条直线。抹匀，以确定中间没有界限。

夸张的戏剧装 *Dramatic Look*

除了正式场合的晚宴，现在也常有各种噱头的主题派对——可真是怎么夸张都不为过的场合！下面就是看起来夸张，做起来容易的一款造型。

- **着装**

我选择的是一套燕尾服，配上水晶项链和一根手杖，足够夸张了吧。

- **发型与化妆**

◎ **发型** 将大量啫喱涂在头发上，把前刘海往上梳高，露出额头。脸颊两边露几根头发，以使脸部造成戏剧般的效果。

◎ **眼部** 用眼线笔画满上下眼线，包括眼线里面的部分。把深紫红色眼影刷在整个眼睑上，接近眉骨的高度，用刷子刷出半月亮的造型。卷住睫毛 10 秒钟，用睫毛膏来回刷两遍。把几根单独的假睫毛粘在外眼角，以便使眼睛看上去更大些。眉毛上几乎没有什么颜色。

◎ **嘴唇** 用深酒红色（羽西马尼拉粉红）唇膏、酒红色唇线笔勾勒出唇线。上嘴唇的唇锋要画得很接近和明显，以突出整体的戏剧性。

◎ **脸部** 强调眼和唇，所以整个脸是素净的。用点淡粉红胭脂抹在颧骨处。因为头发是往后梳的，打些浅咖啡色阴影粉在双颊两边。这样使脸看上去更狭长。

◎ **鼻子** 在这个妆容里，鼻子的阴影对于脸部的轮廓非常重要。用棉签蘸浅咖啡阴影粉在鼻子两侧轻轻地画两条直线到鼻尖。再沿鼻子正中用本白阴影粉抹一条直线。抹匀，以确定中间没有界限。

优雅的盛装 *Elegant Look*

盛装装扮可以出席正式晚宴及所有的"black-tie"场合。

• **着装**

晚礼服、丝绒或织锦的旗袍都可以。我选择的这件是带有东方元素的晚礼服。

• **发型与化妆**

◎ **发型** "羽西头"。

◎ **眼部** 用眼线液画眼睛，在眼角处上翘。用珍珠白眼影粉涂满眼睑，并在眉骨处也抹一些。最后在下眼线上加点淡咖啡色眼影。

◎ **嘴唇** 用淡橘色唇膏和橘色唇彩搭配橘红色服装。

◎ **脸部** 用淡橘色胭脂搭配橘红色服装。

◎ **鼻子** 用棉签蘸浅咖啡阴影粉在鼻子两侧轻轻地画两条直线到鼻尖。再沿鼻子正中用本白阴影粉抹一条直线。抹匀，以确定中间没有界限。

新娘的装扮 *Bridal Look*

我认为在生命中没有哪一天能比结婚这天更重要。这的确是一个非常特殊的场合。下面我会告诉你如何在这一天完美地装扮自己。

- **婚礼服装**

西式婚礼和中式婚礼的衣服不同，举办仪式和摆酒宴的衣服也不同，现在大多要准备一套婚纱和一套中式的礼服。

- **新娘的内衣**

在礼服里面的内衣最好是前面提到过的 corset，它能把你的身材调整到最好。新娘一定要对内衣很在乎，你应该也知道新郎在期待着怎样的惊喜吧。

- **新娘的妆容**

◎ **眼睛** 先在眼睑上用些散粉，再用深咖啡色眼线笔画清晰的上下眼线，从内眼角沿着睫毛根画到外眼角。注意到外眼角时，不要把上下眼线连起来，而要保留一个空间。在这个空间里，填入浅咖啡阴影粉。眼窝处抹浅咖啡阴影粉，往眉毛方向抹匀，逐渐变淡。眉骨上抹一点闪亮的本白阴影粉，用浅咖啡色眉笔描眉毛。涂至少两次睫毛膏，最好用一层假睫毛。

塑造完美无瑕肌肤的三部曲

1. 清洁皮肤以后，直接抹上修颜底霜，它含有滋润和修护的成分，能帮助皮肤立刻变得细腻柔滑，使粉底霜作用持久。
2. 抹上一些遮瑕膏在皮肤有瑕疵的地方。
3. 在所有的粉底霜里面，不脱色的粉底霜是最持久的。不单单是脸上，还要抹在眼睑、发际和颈部。

◎　**嘴唇**　抹最亮的橘红口红（羽西纽约橘红）在嘴唇上，用大红笔勾勒，加少量唇蜜，使嘴唇看上去更有光彩。

◎　**脸部**　用橘红胭脂与口红搭配。用浅咖啡阴影粉打在双颊上抹匀，使脸部看上去更瘦。

◎　**鼻子**　用海棉签蘸点浅咖啡阴影粉在鼻子两侧轻轻地画两条直线，到鼻尖。沿鼻子正中用本白阴影粉抹一条直线，抹匀。

◎　**颈部**　最后从脸部到颈部、胸口、肩膀等裸露出的部分，都用散粉定妆或涂一些珠光粉。

让假睫毛发挥魅力

　　可以使用一整副假睫毛，或者把一整条的假睫毛剪成几段来用，也可以一束束地用。但要注意，只能使用假睫毛专用胶水。

1．用眼线笔或是眼线液画上眼线。

2．用睫毛夹卷一下睫毛，并从根部用力压几秒钟。

3．涂上一层睫毛膏。

4．修剪假睫毛至自己希望的长度。

5．在假睫毛底部挤上少许胶水，等几秒钟让黏合剂发挥黏性。

6．沿睫毛根轻轻按下假睫毛，让假睫毛尽可能与真睫毛融合。

7．在原有的眼线上画眼线以填满真假睫毛之间的空隙，这样就能够让假睫毛看上去更自然，并且能够遮住胶水。

仪表与体态
Appearance and Posture

　　真正的淑女不论是行走、就座还是其他任何动作，都应该是优美大方的。要改变坏姿势一开始会有些辛苦，学会优雅的体态还需要好好练习，不过，一旦优雅大方的姿态成为你的习惯，你就根本不用特别想到它了。不论你是去面试，去参加重要的活动，走上讲台，还是到朋友家做客，你会发现你根本不用在意自己怎样坐、怎样站、怎样做某些动作，因为你已经完全自如了，可以把注意力完全集中到更重要的事情上去——譬如用心结交新朋友，展现你的机智幽默的谈吐，或是学习周围世界有意思的东西。

在日常生活中保持良好的体态 *Everyday Exercise to Achieve Good Posture*

保持正确的体态在你日常生活的每时每刻都非常重要。这与体重无关，却能影响到你的一举一动。

我过去以为"抬头挺胸"是让身体保持良好体态的正确方法。但其实，抬头挺胸让上半身后仰、双肩往后绷直，若双肩过于向后，脖子和整个上半部分背脊都会随之紧绷，很容易疲劳。其实略微挺胸，让双肩处于一种自然的状态，稍稍向后收紧一些就可以了。我现在学到一个可以更容易记忆，让体态随时保持完美的方法，一定要与你分享。

侧身站在镜子前，检查你的头颈是不是自然地垂直于你的肩膀，确定没有往前突，也没有往后仰。然后最重要的一步，是挺起你的胸腔，而不是胸。当你抬起胸腔的时候，你的肩膀会自然下垂，小腹自然收缩，最后一步屁股收紧。这样你的背部会呈现出一个自然的弯度，这样你的体态自然而然就好了起来。

现在我不再考虑坐或者站"直"了。更多时候，我试着采取一种自然放松的姿态。侧身站到一面镜子前去检查一下你的体态，对照左面的图，看看是什么样的。还有一个例子是：坐着的时候，不应该为了让腹部前移而撅起臀

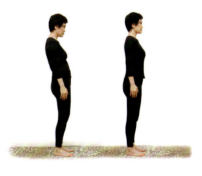

部。现在我会微微收回臀部，挺直上身，然后收起腹部。这样，我后背的下半部就会保持直立而不感到紧张，由于我发现了它的重要性，才意识到许多人和我面临同样的问题。

如果你穿着裙子，不正确的坐姿会引来不怀好意的窥视。所以请一定保持双膝并拢，也可以双脚交叉斜在身体的一侧。

弓腰驼背会影响肺部的功能，不利于你的呼吸。萎靡不振会减缓大脑的血液供应。错误的站姿甚至会影响肾脏。然而正确的体态会令你活动自如。我总是想到网球运动员。他不知道球会从哪里来，需要随时向来球的方向做出反应。有了一个平衡的身体，人就能够活动自如。

如果你想改变身体不满意的部分，就每天跟着好教练拼命锻炼吧，我保证你的身材将在 3 个月内得到改变。我就亲身体验过。毫无疑问，在一个较短的时间里改变你的身材确实是可能的。

这里有一个帮你拥有良好体态的"背部倚墙练习"：将整个后背倾靠在墙上；双腿分开与肩同宽，离墙约 30 厘米。低头，收腹，由脖子的根部开始向下弯曲身体，同时滚动脊椎骨每个部分，伴随头部和双臂自然下垂，直到上身下沉到与地面保持平行。再收紧腹部，缓慢地倚墙滚动脊椎骨起身，最后抬起头，回复到初始姿态。运动中注意保持自然的呼吸。重复 3 次。

除了这个"背部练习"，还有一个需要简单道具辅助的练习，也是非常有效的。找一根瑜伽拉力带，65 厘米左右。从腰间绕过，经过背后交叉，左右手分别拿着拉力带的一头，在肩膀上面反复牵拉。这样的运动简单，方便，又有效。每天尽量做三到四次，每次至少 5 分钟。3 个月后，保证你的体态越来越好。

一整天都能做的运动　*Exercise You Can Do All Day*

如果养花，你要浇水、修枝、施肥，让它生长得更好。对待身体也一样。我经常检查身体状况，脱下衣服站在镜子前，看看身体哪个部位看上去不够理想或越来越糟了，然后通过运动去改变那个部位。

除了晨练，我还会自然地把以下的运动穿插在一天当中。都不会用太多时间，也没有人会特别注意你在做运动。

• **站着的时候**

等车、排队、洗手或任何你站着的时候都可以做的运动：

◎ 强健胸部。将双臂抱在胸前，在肘下方抓住前臂。用力把双手推向手肘。尽可能地重复多次。你会感觉到胸的上部得到了锻炼。

◎ 提臀。从 1 数到 10，保持身体的上半部放松，沉肩。放松并尽可能重复多次。

◎ 肩部放松。双手相合，十指相扣，向外翻掌，往前伸展手臂与肩同高。伸直手臂，用力往前推，保持 10 秒，放松。手掌以同样的姿势，伸展双臂到脑后，用力往上伸。保持 10 秒，放松。手掌以同样的姿势，向下伸展手臂，用力往下压 10 秒，放松。

• **坐着的时候**

打电脑、坐车、有座位等候的时候都可以做的运动：

⊙ 挺直端坐，提臀。如果你这个动作做得正确的话，你会感觉到自己坐得很高，做的时候要保持肩膀放松，保持姿势从 1 数到 10。放松，并尽可能重复多次。

⊙ 将右臂经胸前交错到左臂下，尽量使右手碰到左肩胛，就好像你在拥抱自己一样。放松肩膀。做数次深长而平缓的呼吸，随着每次呼吸而消除肩部的紧张。如果我生气了我就做这个动作——真的有效。

⊙ 在驾车遇到红灯或堵车的时候，可以倚靠着座椅背，双手掌心朝上环抱方向盘的底部，把方向盘当作阻力，收缩手臂肌肉。

任何时候只要我在家里或办公室看见长椅，就会想要去收紧手臂的外后侧——女人衰老时看上去最糟的部位。

• **借助长椅**

把鞋脱了坐在长椅的边上，掌心向下放在椅子上，靠近臀部两侧。双腿分开，双脚放在离椅子约 30 厘米的前方。放在椅子上的手掌往下按，向前移动臀部离开椅子的边缘。利用手臂的力量弯曲手肘，放低身体几寸。然后再把身体提伸到原来的位置，再重复，利用手臂的力量。试着不要用腿部或是臀部的力量。刚开始做这个练习的时候，我只能重复10 次，现在我可以做 30 次。

• **借助一堵墙**

看见一堵墙的时候，就提醒自己保持优美的背部姿态。把鞋脱了倚墙而立，双脚离墙 31 厘米左右。整个背部靠墙向下移动直到大腿蹲至与地面平行，而背部始终和墙面完全紧贴。把双手放在大腿上，能保持多久就保持多久。刚开始的时候，我只能保持 5 秒。但逐渐地腿部力量增加后，现在我已经可以保持 1 分多钟了。

• **任何时候都能做的瑜伽动作**

闭上双眼，肩膀放松，让下巴靠近胸部，体会整个头部的重量拉伸了颈背，深呼吸 3 次。保持下巴下沉，慢慢地转过头去看左肩并再呼吸 3 次，体会颈部的右侧被拉伸的感觉。再把头转回正中并继续保持下巴下沉，转过头看右肩，体会颈部左侧被拉伸的感觉。同样再平缓地呼吸 3 次。一旦有空就不断重复以锻炼颈椎。

羽西的塑身窍门　*Yue-Sai's Tips for Working out*

实际上，在锻炼这方面，我还是很懒惰的。因为生活中有太多需要我分心去顾及的事，但是为了可以 push 自己，我干脆雇了一个私人健身教练，他每天来一次，一个多钟头，我就很努力地锻炼一个多钟头。如果没有他的话，我是很难在锻炼中集中注意力的。

我家里有专门的健身房，里面放置了足够多的健身器材，比如哑铃、跑步机、普拉提机、拉伸机等。因此我在家就能进行全身锻炼。

另外，我还有几个随身携带的健身用具，可以随时用来做锻炼，塑身效果也很棒！

- **橡皮筋**

这是一根 1.5 米长的橡皮筋，弹性十足，我可以用它做胸部和上肢的伸展运动，类似毛巾操。它非常轻便，我没有哪次旅行不带它！在酒店，在候机厅，甚至是在机舱里都可以随时使用！而且力气小的话两手之间间隔距离就长一点，慢慢力气大了就拉短些，总之它能很好地适应你的特点，你也可以自创一些训练动作。

- **魔术环**

这个环也可以锻炼很多部位，比如夹在两腿之间用来收紧腿内侧的肌肉；一手拉，一脚蹬，可以训练同侧上下肢；双手握手柄向内推，可以帮助到胸肌和双臂。

- **哑铃**

人上了年纪就会出现"蝴蝶臂"，除了借助长椅做运动，也可以用哑铃来完成！从身体两侧向上，或与肩同宽向上，反复多次。这个训练可以让你的上臂紧实，在穿无袖上衣的时候没有顾虑！

如果你没有时间上健身房的话，现在到处都是共享单车，你可以每天租一辆在上下班时间骑一骑，这不仅可以锻炼身体，还环保又便宜，真是太方便了。

另一种健身方式就是每天散步了。我有一个朋友，最近几个月没见，再次见他的时候，他看起来特别年轻。我问他是如何做到的，他说他最近开始散步，平均每天可以走两万步。如果你没有天天锻炼，我建议先从散步开始，每天步行 10000 步到 15000 步就足够了。

身心健康
Physical and Mental Health

世界上最贵的床就是病床。

——史蒂夫·乔布斯

很多人想活得很久，但是在我看来，每一天健康，有质量的生活比单纯长寿重要得多。我的父母在离世以前，与病魔斗争了许多年。我很爱他们，看着他们这么辛苦这么受折磨，我非常痛苦。这也使我明白，老去不是我最担忧的事情，生病才是。如果你整天躺在病床上，你可以依靠着先进的医疗设备活到一百岁，但那又有什么用呢？器官功能一个又一个地衰退，这样的生活能够快乐吗？善待珍惜自己的身体吧，因为零件不好配，有钱不一定有货。你的健康只有你自己能够掌控，一日三餐可以找人帮忙料理，财产可以雇佣专业的人帮忙打理，很多事情别人都可以替你做，但是健康管理好比学语言，别人没法替你。

定期检查身体　*Routine Checkup*

定期体检对发现身体存在的隐患很有效，有些人不喜欢体检，真是讳疾忌医的表现。即使你才 20 岁，也该每年做一次全面体检。疾病的发生与年龄并没有必然的关系，年轻人也很容易患上某些疾病。

- **确保身体健康的必要体检**

◎ **脑血管检查**

我家有中风的遗传病史。所以我特别在意脑血管的健康。我第一次去上海市脑血管病防治研究所检查，脑血管功能只有 60 多分，中风的可能性很高。他们给我开了一些中成药，等一年后我再去检查时，已经达到 100 分了。现在我每年都会去那里复查。

◎ **乳房检查**

从 20 多岁开始，就该开始每个月自己做乳房检查。你知道该如何自己做胸部检查吗？如果你不知道的话，我建议你去请教一下妇科医生，请她教你完整地做一次。

我 45 岁以后每年都做一次胸透和 B 超检查。

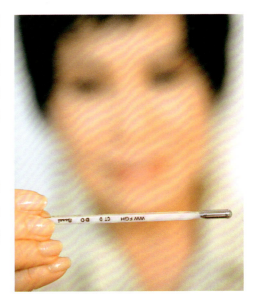

洗澡时可以自己做乳房检查

举起左侧手臂，用右手仔细地检查整个胸部，确认没有可疑的肿块。两边都必须检查。

站在镜子前检查自己的胸部，确认它们没有变色或者长得不正常的地方。

◎ **胆固醇测试**

胆固醇含量高可不是一件好事，这也是我为什么吃得很健康的原因。验血可以测出胆固醇的含量。每年至少做一次。

◎ **子宫检查**

在每年的妇科检查中，都应进行一项子宫检查，看看它是否有细胞异常。

◎ **口腔检查**

3 个月进行一次牙齿清洁。这对保护好牙齿非常重要。

◎ **眼科检查**

每年体检的时候我通常都进行眼科的检查。45 岁以后，每年都进行这样的检查。

◎ **骨密度测试**

女性从 30 岁开始，骨骼的质量就开始下降——骨骼中的钙开始流失，骨密度降低。我有一个朋友是美国最富有的女人之一，她摔了一跤就脚踝骨折了，那时她才知道自己有骨质疏松的毛病，这种病是由缺钙引起的。她被折腾得很苦，再多的钱也无济于事。其实早期通过检测骨的钙含量是可以避免这个病的，但她却忽视了。

多吃豆制品是适合亚洲人的补钙方式。芹菜、茴香、油菜等绿叶蔬菜，芝麻，海带中都有含量不低的钙。但要注意降低盐的摄入量，并且不要喝碳酸饮料，它们都会影响钙的吸收。

◎ **结肠检查**

医生曾经在我父亲的结肠里发现过良性的肿瘤，不过就算没有这回事，我也会每 5 年做一次结肠检查，因为结肠癌是可怕的绝症之一。

疫苗是很重要的。你应该每年接种一次流感疫苗，如果有肺病病史还应该每年注射一次肺病疫苗。如果你超过65岁的话，就应该向医生多咨询有关个人保健方面的知识。

学会缓解压力 *Dealing with Stress*

由于频繁出差和工作上的事情，我的生活节奏非常快。我的确很热爱自己的工作，但一定要自己缓解压力。压力造成的最坏影响是损害健康，很多疾病都是由压力直接引起的。事实上，我经常会做一些事来让自己找到宁静与平衡。我上大学的时候在夏威夷住过几年，那儿的生活平静而安宁。然后我搬去了曼哈顿，生活节奏就一下子快起来了。几个月后，我注意到我的肌肉，尤其是背部和肩部的肌肉，会习惯性地而且下意识地紧张。所以我开始找一些办法缓解压力，以下的练习对我非常有效。

● **AUM深呼吸练习**

瑜伽修行者说，生命在于气息中。如果你的呼吸很浅，那么你只经历了一半的生命。所以说，你要学习的第一件事就是进行平稳的深呼吸。当我感到有压力存在的时候，就会试着这样做——

舒适地坐下。如果可以的话，脱掉鞋子，盘起双腿，手掌向上轻轻地放在大腿或膝盖上。将大拇指靠近食指，挺胸直背。从1数到10，慢慢地深呼吸（一开始你可以先数到5，之后越长越好），我会感觉到胸和胃慢慢膨胀，肩膀自然放松了。自始至终，你都要想象你所吸入体内的是白色而纯净的光线。停一下，快速吸气，然后慢慢从1数到10，从鼻孔中吐气，在脑中想象"AUM"的声音，或者发出"AUM"的声音。"AUM"的声音会帮助你放松身体的每一块肌肉，从头顶、颈部、胸、腹部、臀部、腿一直到脚。多进行这样的练习，你就能够轻松地运用"AUM"的声音来放松体内的每一个细胞。

"AUM"是一个梵语词，其发音象征着宇宙本体能量的声音。这个独特的词语发音由4部分构成：

A（阿）——来自喉咙后部的声音

U（呜）——从嘴巴中间发出的声音

M（姆）——闭上嘴巴发出的声音

读完语词（AUM）后的寂静

● **引导气息**

如果希望自己的脸变得更美丽，就将气息引到脸部——想象完全放松的脸上充满着光彩和美丽。将气息引到你希望改善的身体部位，比如背部有些疼痛，就将气息引到痛处，这样做的确能够放松痛处的肌肉。

- **在家中的放松法**

◎ **听音乐**　你喜欢的音乐能把你带到另一个世界，思绪也会随着音乐的魅力飘到远方。

◎ **洗澡**　像举行宗教仪式那样，认真洗个澡。放好热水加入浴盐或者沐浴液，关上灯放一些轻柔的音乐，闭上眼睛做深呼吸。

◎ **唱歌或演奏乐器**　学习一首新的曲子，或是唱一首自己喜欢的歌曲。

◎ **读书**　去读一本长久以来一直想读的书。

◎ **换睡衣**　有时一回到家，我就会换上睡衣，让自己觉得很放松。

中国传统疗法　*Traditional Chinese Therapies*

我们的国家有 5000 多年的历史和文化传统，所以我自然而然地倾向于运用中医来进行治疗，比如针灸、中草药、拔罐、按摩。我尝试过泰式按摩，印度的冥想、瑜伽和阿瑜凡帝克（Ayurveda）治疗法，还有香熏疗法（Aromatherapy）、瑞奇（Reiki）……但我最常用的还是治疗型的按摩、针灸。

- **拔火罐**

中国人常说"痛则不通，通则不痛"。拔火罐是中国用以疏通内气的一种传统方式，内气不通畅表现出的症状就是痛。用点着火的棒子在阔口玻璃杯中扫一下，然后迅速把杯子扣

腹部的不同部位代表了不同的器官和情感。如果你腹部某个部位感觉到疼，那这暗示了你身体某个器官或心理状况有些问题。腹部的右上角紧挨着下肋骨的那个地方，代表着你的肝和怒气，这个地方疼，说明你淤积了很多怒气，肝脏不够健康。你需要按摩把那里的怒气和毒素排走。同时，腹部应该保持自然的柔软和放松。听说快死的人腹部会变得很硬。所以我总希望保持腹部柔软。

在疼痛的地方，产生一种吸气的效果。杯子扣住的皮肤会渐渐隆起，并随着血液的流通而变红。这可以舒缓、放松肌肉。这样保持一段时间再拿走杯子。

- **按摩**

我喜欢按摩！它是最有效的放松方法。按摩不仅是简单的放松，它也是一种治疗。我特别喜欢头部、脚部以及腹部的按摩。我认识的一位泰国传统的治疗师告诉我，因为几乎所有的身体器官都和腹部相连，经常按摩腹部可以疏通身体各器官的能量，保持身体健康。

- **中草药**

中国人对食物、医药的看法与西方人是不同的。西方人认为食物就是吃的东西，药物就是医生开的或者药店里买的。而我们则认同"药补不如食补"的概念——药物可以当作食物，食物亦可以当作药物。我们去食品杂货店的时候会买一些草药来治疗不同的疾病。每当我觉得不舒服的时候，就会请阿姨做一些药膳来减轻我的症状。只有当这样的食疗不起作用的时候，我才会去看医生。

我曾经在电视节目里采访过一位中医药剂师。我问他在几千种草药中，最重要的是什么，他回答说是"姜"。当觉得受寒的时候，就用新鲜的姜片熬水喝；当觉得恶心想吐的时候，就在嘴里含薄姜片；饭后喝姜茶可以促消化。

◎ **羽西茶**

　　我自己创制的"羽西茶"，就是用食疗的方法把中草药做成可口又健康的饮料，不仅我自己常喝，家里有客人来时也会请他们喝。现在给你们一个新的配方，是约 800 毫升的茶壶的用量。

⊙　4 克普洱茶（最好是陈茶）——暖胃、安神、促消化。

⊙　10 克枸杞（先用温水冲洗一下）——明目、滋阴、延缓衰老。

⊙　10 克杭白菊（或野菊）——养颜、提神、清除体内垃圾。

⊙　3 ~ 5 克甘草（切成薄片）——益气、清喉、抗过敏。

⊙　1 ~ 2 克人参粉（根据个人情况增减）——补脾益肺，生津止渴，安神益智。

　　我的阿姨现在做羽西茶很有经验，她把前四样原料封在纱布袋子里加水煮，水煮沸后撒入人参粉，再闷 10 分钟就可以了。在夏天，她也会多煮一些放凉了再喝。这是一道健康茶，甘草增加了甜味，又可以提神，而人参粉可以强健体力，菊花可以排毒，枸杞补血又明目，只要你喜欢就可以经常喝。

可以当作食物放在汤里煮或是当作药用滋补品的中药

淮山　增强、改善免疫系统功能，降低恶性胆固醇，增加良性胆固醇。

枸杞　有助于养颜润肤，改善视力。

莲子　清火，莲心对眼睛有好处。

百合　养阴清热，润肺止渴，宁心安神，对女性身体有好处。

红枣　对呼吸系统有好处，促进血液循环，生成血红细胞。

人参　理气，促进体弱者的血液循环。

当归　主要为女性所用。这种药材用于调理月经周期，缓解痛经。

健康的饮食习惯 *Healthy Diet*

> 当我有点自我放纵的时候，就吃一点草莓酱做的甜品。
>
> ——麦当娜

吃是生活中非常重要的部分，"健康是吃出来的"一点也没错。健康的饮食是你必须要养成的习惯，越早学会对你就越有帮助。

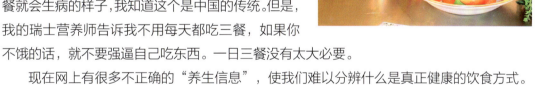

我对自己的饮食设下很多规矩，虽然偶尔破戒，但从来都不会偏离得太远。我周围永远有女人在减肥，在她们的食谱里那里每一种食物都有它相应的"减肥版"。而我却不刻意去减肥，只是注意自己的饮食。我每年都会去咨询营养师，请他帮助我调控饮食。当我觉得自己的体重失控时，就坚持写饮食日记，这么做真的很有帮助——当你把一天吃的东西全都记下来，把食物热量都加起来后，你会惊讶地发现吃下去的远远比意识到的要多很多！

我的中国朋友每天一定要吃三餐，好像不吃三餐就会生病的样子，我知道这个是中国的传统。但是，我的瑞士营养师告诉我不用每天都吃三餐，如果你不饿的话，就不要强逼自己吃东西。一日三餐没有太大必要。

现在网上有很多不正确的"养生信息"，使我们难以分辨什么是真正健康的饮食方式。我们要小心，要学会辨别真假对错。

关于如何能够吃得更健康，我通过多年学习积累了一些建议可以作为参考：

* 只吃有机的食品。尽量购买无农药的有机食品或尝试自己种植一些蔬菜，即使价格贵一点或麻烦一点也要保证自己吃的都是安全的食品。

* 肉类也应该选择有机的。我尽量少吃肉，如果要吃的话，我会选择鸡肉，不会选择牛羊肉之类的红肉。偶尔也会吃一次鸭肉。

* 海鲜类食物重金属含量太多，尤其鱼越大重金属越多，我的医生建议我吃最小的鱼，

比如沙丁鱼。其他虾类也不要吃太多，它们体内的重金属也不少。

  * 少吃白糖。我是不吃白糖的，我也不吃甜品，如糖果、饼干或者蛋糕之类。我不喝碳酸饮料，我只吃低糖分的水果。有些人愿意喝果汁，但果汁里面的糖分也很多，还不如吃个水果。虽然糖分会使人亢奋，但是吃多了一点都不利于我们的健康。

  * 不要吃油炸食品。油炸食品不好是因为你无法确保油的质量。我一直很关心一道菜里面用的油是什么油。如果油不好，那么菜的营养也会被破坏，所以要慎重选择自家的炒菜用油。

  * 注意食用盐的质量。我建议选择没有经过提炼的海盐，或是喜马拉雅盐，就是有点带粉红颜色的。它们不仅味道好，吃起来也健康。

  * 每天喝八杯水。不要喝蒸馏水，这是一种酸性水，对身体无益处。人体是碱性的，所以我只喝pH 值 7.5 以上的矿物质水，pH 值越高越好。我家里有一个大机器，它可以把酸性水过滤成碱性水；你在网上也可以买到这种机器，特别好用。

⊙ 我家里使用的净水器

  * 注意装水或食品的容器。一定要使用玻璃容器来装水或食物。不要用塑料制品。塑料是一种绝对有危害的材料，且不环保，尤其它变热的时候会产生致癌物质，对人的身体造成伤害。

  * 禁食。英文叫作 Fasting。偶尔一天不吃东西，或每天少吃一顿饭，或者一个星期都不吃正餐，只吃水果，喝水。这个做法对身体真的有好处，能够帮助消化，减轻肠胃负担，使自己感觉身轻如燕。

• 荷尔蒙平衡的饮食习惯

在我们处于 20 ~ 30 岁的时候，女性的荷尔蒙处于良好的状态中。但到了 40 岁以后，女人却必须面对"衰老"的事实，岁月无情地把年轻时保护我们免于受伤并保持健康的荷尔蒙一点点夺走。在美国研究神经骨科的黄颖博士也精通营养学，她借鉴柏瑞·茨尔斯博士首创的抗衰老 Zone 食谱，建立了 4∶3∶3 荷尔蒙平衡饮食，以此作为众多女性荷尔蒙平衡规划的一部分。

把你的餐盘划分成 10 份，碳水化合物、蛋白质和脂肪的比例是 4∶3∶3，只用眼睛就可以估量出来，比计算卡路里容易很多。食物是引发一系列荷尔蒙反应的导火索，通过这个方法，可以利用食物来控制体内胰岛素的含量，进而提高体内荷尔蒙间的交流合作及正常运作。

有人说：我不需要脂肪，我的脂肪已经太多了！其实我们需要脂肪来燃烧脂肪。为保持身体健康、燃脂修身，饮食中必须含有相当数量的脂肪，但需要的是上面提到的"优质的脂肪"。

荷尔蒙均衡饮食提倡的成分包括

优质的碳水化合物　黑麦、大麦、花生、大豆、柚子、桃、红薯、酸奶等。

优质的蛋白质　去皮的鸡、鸭，火鸡肉，鱼，豆制品，蛋白粉等。

优质的脂肪　橄榄油，杏仁、夏威夷果等各种原生的坚果和种子，鱼油，三文鱼等。

· 让体内酸碱平衡

我们体内的环境应该是酸碱平衡的，这样才能进行正常的新陈代谢。但现代快节奏的生活让很多人吃太多没营养的快餐、喝咖啡和碳酸饮料、压力大又不运动，酸性成分大量输入体内无法排掉，就会存在于脂肪细胞和结缔组织中。对于女性而言，这些酸性废物特别偏爱臀和大腿的部位，看看那些橘皮组织你就明白了。

所以酸碱平衡也是饮食中要注意的部分。要多吃碱性食品，少吃酸性食品。要注意我这里说的酸性是指生理酸性，而不是说食物的味道是酸的。

◎ 要多吃的碱性食品

⊙ 强碱性——葡萄、葡萄酒、海带等。

⊙ 中碱性——大豆、胡萝卜、番茄、香蕉、橘子、南瓜、草莓、蛋白、柠檬、菠菜等。

⊙ 弱碱性——红豆、萝卜、苹果、甘蓝菜、洋葱、豆腐等。

◎ 要少吃的酸性食品

⊙ 强酸性——蛋黄、乳酪、白糖做的西点、柿子、柴鱼等。

⊙ 中酸性——火腿、培根、鸡肉、猪肉、鳗鱼、牛肉、面包、小麦、奶油等。

⊙ 弱酸性——大米、花生、啤酒、海苔、泥鳅等。

• **维生素是我的好朋友**

　　维生素是我的好朋友，它给我健康和活力。从 30 岁开始我每天都会吃一片复合维生素片。它对我都有哪些作用呢？从前，我常常一个月乘几次飞机，觉得身体非常不舒服，总是感冒。而且时差和糟糕的空气让我的症状变得更加严重，以至于总是拖着疲惫的身体出席各种社交活动，那感觉简直糟透了。但开始服用维生素后，每年我最多两次觉得身体不适，现在我非常相信维生素的神奇作用了！

　　有人说可以从日常食物中获得足够的维生素，但这很难做到——要补充 1000 毫克维生素 C，就必须吃 20 个橙子，你有这么大的胃口吗？而且因为杀虫剂、添加剂、饲料等很多化学的东西让现在的蔬菜、水果和肉类都不能让人完全放心，每天摄取的食物可能会对健康造成损害。这个时候，适当地按需要补充维生素还是应该的。当然，每人情况不同，我就请了一位营养学家检查我需要的营养。

　　你应该向你的医生请教一下，该服用何种维生素、服用多少。这一点非常重要，有些人服用维生素 E，但我的胆固醇较高，医生就不让我服用维生素 E。我的高胆固醇并不是由于不良的饮食造成的，而是遗传的缘故。所以说，适合我的并不一定也适合你。

我每日摄取维生素的具体列表

1. **复合维生素片** 所需各种维生素的起码剂量。

2. **维生素C** 加强综合免疫系统。

3. **鱼肝油** 调节血压，预防心脏病。

4. **复合维生素B片** 为我带来健康的神经系统、皮肤以及头发（也被称为缓解压力的维生素）。

5. **金生能（Ginsana）** 瑞士出产的人参丸为我补充能量。

6. **海藻素（Kelp）** 带来健康的甲状腺、头发和指甲。

7. **辅酶Q-10（CO-enzyme Q-10）** 保护心脏健康，抗衰老。

8. **钙（Calcium）** 带来健康骨骼。

9. **锌（Zinc）** 保护指甲、皮肤和头发，提高免疫能力。

10. **木瓜酶（Papaya enzyme）** 帮助消化。

11. **苹果醋酸片（Apple cider vinegar）** 帮助降低胆固醇。

12. **叶酸片（Folic acid）** 帮助细胞的修复和再生。

一旦出现感冒的症状，我会先服用2000毫克的维生素C，喝一杯双倍剂量的板蓝根和大量的姜茶，然后好好睡一觉。有一次我登机的时候正在发烧，在整整14个小时的飞行过程中，我让空姐准备了许多热柠檬蜂蜜水，我不停地喝。当到达目的地时，烧已经退了，我好了！

How Does
a Lady Eat?

第三章

餐桌上的淑女

对用餐礼仪最大的考验就是要能不触犯别人的感觉。

——艾米莉·波斯特（世界著名礼仪专家）

一位顶尖 CEO 曾经告诉我，他总是喜欢请未来的雇员吃饭，由此能看出这个人是否有教养。他觉得一个人在餐桌上的礼仪最能够反映出他的背景和受教育程度。是不是真正的淑女，去吃餐饭就能略知一二。他人会从我们的吃饭方式来判断人的个性，同样我们也能从他人的吃饭方式来看待别人——就餐时你的彬彬有礼、优雅得体，也许可以取得意想不到的效果，但如果你的表现不够好，不是耸人听闻，餐桌上的失礼说不定会让你的命运急转直下。

在这一章我会讲到常用的就餐礼仪，有不少并不区分中餐还是西餐，是通用的规则。不过就算是西餐礼仪也都直截了当，只要稍微练习一下，相信你能很快掌握。

餐桌上淑女的10条"军规"

1. 学会坐端正吃东西，不要习惯性地埋头。试着把椅子移近餐桌，坐正，延长从盘子到嘴巴的距离就可以做到这一点。

2. 不要把餐具碰得叮当响。

3. 不要拿着餐具指指点点、边挥舞边说话，如果是拿着刀叉那就更可怕了。

4. 如果吃到类似鸡皮、骨头、刺、籽之类的东西，不能直接从嘴里"啐"一下吐到桌上，而应该在吃之前尽量处理掉；没法弄好的话也不必介意，用手指从嘴里把不想吃的东西拿出来。

5. 吃东西、喝饮料时尽量不要发出声音。日本拉面除外。

6．一小口一小口地吃就能避免因嘴巴塞满食物而影响到交谈。就算自己不发言，也要适时注意别人的席间交谈，不要只顾自己闷头吃饭。

7．照顾好自己面前的"领地"，不要弄得酱汁、米粒、餐巾纸到处都是。

8．如果要去洗手间，必须向左右的人说"对不起，我很快就回来"。什么也不说站起来就走是很没礼貌的。不过也没有必要大声宣布你要离席。

9．就餐前请把手机调到振动挡，不要影响他人。如有非接不可的电话请离席接听，席间不要频繁发送短信。

10．如果要整理头发、补妆等，最好还是去洗手间。结束就餐后餐桌旁的补妆仅限于迅速地补点唇膏或用粉扑扫两下粉。

在西餐厅吃西餐
In a Western Restaurant

外国人不理解中国人用餐所讲究的热闹气氛，英文字典里甚至找不到"热闹"这个词。在中式餐厅里，厅内灯光明亮，人们习惯高声说话，时而有人劝酒、划拳，人们穿梭于餐桌之间。从西方人的角度看，这并不是很好的用餐氛围。

还有一点不同，这可能和中餐桌椅的不同有着密不可分的关系。传统的中餐椅是凳子，没有靠背，但西方的餐椅是有靠背的。我们的父母从小教我们把手臂放在桌上吃饭，但是西方国家的父母正相反，他们发现孩子这样做，就要让孩子把手臂从餐桌上放下去。要把从小养成的习惯改变，是很困难的。但吃西餐，就应该

全力学习用西方的方式用餐。

我高中就读的是一所不错的教会学校，嬷嬷们十分注重学生的就餐礼仪，所以对我而言，吃西餐这么多年，早就成了习惯，得心应手。只要你积极实践，相信对于你来说一定没什么难度。关键是不要等下一次去餐馆时再学习，而是要现在就开始学习、练习。

无论是早餐、午餐、晚宴、下午茶……西餐厅的就餐通常分为"正式的"和"随意的"这两种。有代表性的就是自助餐、鸡尾酒会和晚宴，我先来带大家认识一下西餐厅，然后再逐一介绍。

认识西餐厅　*Getting to Know a Western Restaurant*

西餐厅里大大小小的杯子、盘子，各式各样的刀叉和勺，让人一看眼睛都花了，我相信这是很多人惧怕吃西餐的原因，因为不知道这些餐具都是用来做什么的。其实不必害怕，下面都讲得很清楚，你一看就明白了！

• **刀叉**

西餐的刀叉都是根据一道道菜的上菜顺序合理摆放的，你只要从最外面一个用起，往中间排着用就行了。

沙拉叉放在大盘碟的最左边，由外向内依次是肉叉（主菜叉）、鱼叉（如果有鱼的话）。盘碟右边由外向内依次是汤匙（如果有汤），然后是沙拉刀、肉刀（主菜刀）、鱼刀，刀锋都应面朝盘碟方向排列。

刀叉以三套的居多，依次是吃开胃菜用的、吃肉用的和吃鱼用的。吃水果用的刀叉横着摆放在餐盘的正上方。

请记住，一旦开始使用餐具，它们就不能再被放回到餐桌上了，只能放在盘子里。

至于甜品用的刀叉，有三种可能

1．上桌时已摆放好，在盘碟最近的左右方。

2．在盘碟的正前方。

3．上甜品时，与甜品一起上。

　　吃的时候只可以让牙齿接触到食物，千万不要咬叉子，也绝对不允许用刀扎着食物送进嘴巴——如果你不想演示什么叫"血盆大口"的话。

- **餐巾**

在休闲的用餐中，可以使用纸质餐巾，在正式的餐会中要使用布的餐巾来防止食物弄脏衣服，并擦嘴角。这种餐巾不能用来擦鼻子、擦整张脸、擦眼镜等。

就餐时坐下后的第一件事和最后一件事都和餐巾有关——一坐下就把餐巾展开铺在腿上，离席前把餐巾折一折放在盘子边上。不必折得很好看，但我还是习惯稍微折叠一下。

- **黄油盘和黄油刀**

面包和黄油都放在小盘子里，这个盘子通常在左边叉子的上方。黄油刀横摆在黄油盘上的顶部，刀刃一面要向着自己。

- **盐瓶和胡椒瓶**

盐瓶和胡椒瓶通常都成对出现，只要记得盐瓶是一个孔的，而胡椒瓶是两个或三个孔的，就可以简单地区分开它们。近几年，人们在食物里加盐越来越少了，这无疑是对厨师的一种赞赏，同时也是注意健康的表现。

- **沙拉盘和甜点盘**

直径 20 厘米的普通盘子是最常用的，它可以被用来做沙拉盘、甜点盘、蜜饯以及汤杯或酱汁的托盘。

- **烟灰缸**

在很多国家的西餐厅里是不分"吸烟区"与"非吸烟区"的——统统禁烟，所以在西餐厅最好忍忍。

如果是家宴，很多主人也不愿意客人在他们的家里吸烟。如果你一定要吸烟（我真是不情愿写下这句话），必须得到主人的允许，并向他们要一个烟灰缸来确保你不会弄脏屋子。

- **洗指碗**

通常在很正规的晚宴上才能看到，服务员在上必须用手取用的菜或甜点之间，或是在客人吃过如蜗牛、龙虾、烤鸡、玉米棒上的玉米之类让手指变得脏兮兮的食品后上洗指碗。

这是一个小碗，通常是玻璃做的，可以是你漂亮的甜点碗或小汤碗。并且装了 3/4 的温水，有时还有一些小花做的装饰物，服务员会把它放在盘的中央。你可以把每只手的手指放进洗指碗中轻轻摆动几下，然后用餐巾擦干。这个动作不要太大，要优雅一点。

洗指碗使许多人都感到难以理解。我曾见到美国最大的企业之一的一个代表，把洗指碗端起来喝了一大口。我还见过一位年轻的男士拿起洗指碗里漂浮的一朵瓷做的花，想要把它吃下去。幸运的是，他并没有成功。事后他向我解释说：他以为那是糖做的花，是甜点的一部分。

就餐姿势 *Dining Gesture*

- **用餐姿势**

进餐时，我还要提一件事，就是和中国人的习惯不同的是，西方人认为弯腰、低头、用嘴凑上去吃是很不礼貌的，而这恰好是中国人通常吃饭的方式。

吃西餐时，身体要坐直，坐端正，不要趴在餐桌上；手臂不要放在餐桌上，也不要张开妨碍别人，两个胳膊肘也不能架在桌子上；不要跷腿，也不要靠在椅背上。

正确的姿势是只有一只手在桌上用餐。我去了美国后感觉最不适应的就是用一只手在桌上用餐。头要保持一定的高度，不能太低，不能过多地移动头部。对中国人来说，这需要多加练习，慢慢习惯着去做。

- **美式吃法和欧式吃法**

有两种用刀叉的方法：美国式的和欧洲式的。两种都是对的。

◎ **美国式**　切完肉把刀放在大盘子上，叉子从左手换到右手，然手用叉子叉起切好的肉。

◎ **欧洲式**　始终是左手拿叉，右手拿刀。可以用刀子往叉子上按食品。另外还有一点，不要把刀子握在手里取食品并送入口，无论是美式还是欧式，都不应该这样做。

• **如何用刀叉表示暂停或吃完**

　　如果你想休息一下或和朋友聊会儿天，或要喝口酒、喝口水时，请把刀叉放在盘子的两侧。千万不要在交谈时，手在空中挥舞刀叉。

　　暂停的方法是：放下刀和叉，想一下一个倒转的"V"字，那么你就把刀和叉的柄放成一个倒 V 字。这是个惯用的暗号，表示所享用的菜还未结束，只是小憩片刻。

　　当你用餐完毕后，刀和叉应并排放在盘子的右边或中间。欧洲人的叉子是面向下的，但美国人不在意叉子朝上或朝下。当你这么做后，侍者就明白你用餐已结束。

　　但是要注意的是，千万不要把刀刃朝外，这样不仅不对，而且是有危险的。但是有很多人不知道。

酒的艺术　*Art of Wine*

　　饮酒是一门艺术，是随着历史和罗曼史不断演进的，你可以通过很多方法来学习有关酒的知识。例如：读一本有关酒的书，参加品酒会，听讲座，在售酒商店与一个经验丰富的销售员谈话，当然是趁他们不忙的时候；去中国、美国和欧洲一些有名的酒厂，了解酒的酿造过程……

- **选酒**

中国的酒是由小麦、米或药材制成的。吃中国菜要喝白酒、黄酒、药酒；吃日本菜要喝清酒（Sake），这也是一种米制成的酒；西方的酒除了啤酒，大部分是由葡萄制成的。吃西餐，一般来说就要选葡萄酒。

常用的葡萄酒有雪利酒（Sherry）、苦艾酒（Vermonth）、香槟酒（Champagne）和鸡尾酒（Cocktails）。雪利酒是红色的，是一种加烈酒，是在酿造的过程中加入了一定的白兰地来提高酒精度；苦艾酒是白葡萄酒的代表，有生津开胃的作用，以意大利产的最为有名；香槟酒原产地是香槟地区，故名"香槟"，香槟一定要冰冻的。

此外，还有白葡萄酒调配的樱桃鸡尾酒（Cherry Cocktails），杜松子酒、苦艾酒调配的马提尼酒（Martini）以及甜酒调配的曼哈顿鸡尾酒（Manhattan-cocktails）。

啤酒是普通的酒，因此一般在吃便餐时，才喝啤酒，外国人只喝冰冻的啤酒。当然，还有伏特加（Vodka，俄罗斯的烈酒），把整个瓶子放在冷冻箱内，喝的时候要冰冰的。杜松子酒（Gin）、苦艾酒、威士忌等都要加冰块或者汤力水（Tonic）、苏打水（Soda）。

- **在西餐馆点葡萄酒**

如果你真的不知道如何点葡萄酒，就直说好了。因为喝葡萄酒不是中国的传统文化，没有什么不好说的。你可以请你的客人中的一位葡萄酒爱好者为你点酒。我总是这么做的。我的这方面的专家朋友会很高兴为我点酒的。

酒的价格变化很大，从几美元到上千美元都有，主要看酒来自哪一个酒庄和酒的年份，要根据你的经济实力点酒。如果很多人喝酒，你可以点一瓶，或者你可以点小半瓶；若你是一个人喝酒，也可以按"杯"要酒。每一家餐馆都提供了一两种点酒方式，这些都是可以的。现在的症结是，你在意钱，因为葡萄酒的价格相差很大，怎么办？我是这样做的，我指着我所能接受的价格，对服务员说希望他选择同样价格的酒。你也可以这样向服务员点酒。你为他们指明了价格，他们会为你提供称心的服务。

我通常在意大利点意大利酒，在法国点法国酒，在澳大利亚点澳大利亚的酒。每个国家都有自己的美酒。在中国我点中国葡萄酒。如今，我们中国有特别好的葡萄酒。每次我用这些特别好的中国葡萄酒招待我的西方朋友，他们往往会大吃一惊，他们从没想到这是中国产的葡萄酒哎！

> 餐前，至少应该把白葡萄酒在冰箱里放两个钟头。如果你有冰酒器，在有冰块的水里放20分钟。在西方，正确的斟酒方法是只倒半满（1/2）的酒在杯中。不要在客人杯里倒另一种颜色的酒，这是一个待客的原则。在用过的杯里倒另外一种酒，会使酒的味道改变，因此你要多准备一些空杯子。

- **酒与菜的搭配**

餐前酒喝出点气氛后，该挑选配菜的葡萄酒了。总有人跟我说葡萄酒的规矩太多了，不好记。通常来说，白酒可以配一些开胃菜和海鲜，红酒是配肉；但是我也见过很多高层次的人吃海鲜的时候喝红酒，或者吃饭的时候喝香槟。所以在我看来，没有什么严格的饮酒规矩，关键看你自己喜欢怎么搭配。喝酒本身就是一件要享受的事情，不要被一些所谓的规矩困扰。当然，为了保证酒的味道，白葡萄酒和香槟要冰镇之后再喝。红酒，尤其是很好的红酒一定要提前2个钟头醒酒……

以前，只有法国才能生产世界上最好的葡萄酒。但是现在，许多国家包括中国也可以生产非常好的葡萄酒。因为使用了现代的方法——机械化的生产和计算机全面质量控制，完全可以制造出不错的葡萄酒。我自己就有智利和澳大利亚出产的顶级葡萄酒。我刚从南非等四个国家回来，我要说他们带给我很大的惊讶就是它们的红、白、甜和起泡酒质量都不错呀！

- **品酒**

品酒要先从酒标开始。看酒的标签，核实一下是否是自己要的酒，要点是看葡萄的收成年、葡萄酒名称、葡萄酒的产地。然后，先往玻璃杯里稍倒一点，举杯看看酒的颜色是否漂亮，再用鼻子闻一闻酒的香味，最后

喝一小口品品。若没有问题，点点头，说声可以，侍者就倒酒了，这时便可以开始用餐了。

　　红葡萄酒的酒杯与白葡萄酒的不同，喝红葡萄酒时，用手指夹住杯柄，反向托住杯子；喝白葡萄酒时，手只能握住杯柄，不让手的其他部位接触到杯壁。

- **干杯**

　　在西餐中，通常只有两次干杯（当然，我参加过的正规宴请也有多次干杯的）。第一次在开餐之前，第二次在甜品上来之前。在开餐之前，主人常常仍在位置上，以干杯来欢迎各位来宾。这就是为什么宾客往往斟了酒而不抿一口，因为他们要等主人致欢迎词。

　　在甜品上来之前，主人有提议为尊贵来宾敬酒的传统。这时主人要站起来敬酒，宾客仍可坐着。当每个人为他干杯时，尊贵来宾并不饮，因为他不能为自己干杯。

　　然后，尊客应该起身致答，并举起酒杯，才能干杯。

- **餐后饮**

　　有些主人喜欢在餐后再斟上一些特别的饮料：利久酒、白兰地或甜酒，以助消化，也可能是甜品后的一杯咖啡。通常是晚宴后，客人可随意，坐在餐桌旁，也可离桌进入起居室。餐后饮最著名的还是白兰地，另外还可能是一些上好的甜酒：雪利、马爹利等。

　　大多数主人会让客人自选餐后饮料。甜酒配上水果、奶酪或其他小甜品，而白兰地则配较大份的甜品。餐后饮通常在室内氛围中进行。酒杯小而华丽，可带颜色，也有雕刻的。雪利酒倒在 V 字形的杯子里，白兰地盛在矮胖的酒杯中，以便酒可在握杯人的手掌中慢慢地温热。男主人和女主人会替客人把餐后酒斟上一巡，或再续一巡，但总是主随客便，绝不强行劝酒的。不像餐中饮酒要干杯，餐后饮只是小口品，以便边饮边聊，让主宾双方可多待些时间。

　　看起来好像规矩真多呀！但是并不难，只要实践一下，就很容易地学会了。这毕竟要比外国人用筷子容易得多了。

自助餐　*Buffet*

　　自助餐是招待会上最常见的一种形式，露天或室内的都有，可以是早餐、中餐、晚餐，甚至是茶点。其中的菜肴有冷菜、热菜、甜点、饮料等，连同餐具一同陈设在长桌上，供客人自取，并可多次取食。

　　虽然很早前报纸上批评过自助餐现场的不雅举动，但我感觉现在好很多了，大家都知道要排队，依次把食物取放在自己的盘子里。要注意的就是一次不要拿得太多，哪怕多去取几次，吃不完浪费了很可惜。而且记得要回到自己的座位再开始吃东西，边排队边往嘴里塞东西真是太不淑女了。

不要让别人看着你第一次走过自助餐台，就像看着一个称得上冠军的贪吃者。

鸡尾酒会 *Cocktail Party*

近年来鸡尾酒会在国际上日渐普遍，各种大型活动前后往往都会举办。它形式简单活泼，便于人们交谈。会上以酒水为主，略备一点小食品放在小桌或茶几上，比如蛋挞、饼干、小香肠等，或者是服务生拿着托盘，把饮料和小食品端给客人。不设座椅，客人可随意走动。举办的时间一般是下午 5 点到 7 点。

鸡尾酒会的特点便是可以自由随意地走动。在一个圈子经过一段时间的交谈后，一句"不好意思，我去和那边的朋友打个招呼"或是"抱歉，失陪一下"，都可以让你不失礼地穿梭在不同的谈话圈子里。

鸡尾酒会上的礼节

1. 端着盘子站着进餐。

2. 有时你要去吧台拿酒，有时服务生会拿着托盘走到你附近，你可以从盘中选择。

3. 鸡尾酒会上，所有食物都是小块的，有的用牙签串起来，有的是直接在瓷勺里，大多数都是用手拿的，因此你拿食物前一定要先拿一张纸巾，以保证手的干净。我建议在鸡尾酒会上每个人都应该用左手拿杯子，时刻准备伸出你热情、干净的右手去和别人握手。

4. 用过的牙签可以放在托盘的边上，千万别把用过的牙签放回去。蘸过酱的牙签也不能再放到酱里蘸。

5. 如果附近没有烟灰缸、盘子或废物箱，那就把你用过的牙签放在纸巾里，交给服务员或放在他们的托盘里，或在你离开以前丢进废物箱里，千万不要丢在地上。

晚宴 *Dinner*

晚宴有两种：一种是隆重的晚宴，比较正式；还有一种是便宴。

- **隆重的晚宴**

按照西方的习惯，正式宴会大多安排在晚上举行，一般都在 8 点以后。在欧洲更晚，中国则一般在晚上 6 点到 7 点开始。举行这种宴会，说明主人对宴会的主题很重视，或为了某项庆祝活动等。正式晚宴一般要排好座次，在请柬上注明对着装的要求。席间祝词或祝酒，有时亦有席间音乐，有小型乐队现场演奏。

- **便宴**

采取比较简便的形式的宴请称"便宴"。这种宴会适用于亲朋好友之间，气氛亲切友好。有的在家里举行，服装、席位、餐具、布置等也可不必过分讲究，但这仍有别于一般的家庭晚餐，仍应注意遵守宴会上的礼节。

按照西方习惯，晚宴一般邀请夫妇同时出席。如果你受到邀请，要仔细阅读你的邀请函。邀请函上通常会说明是请一个人还是同时邀请你的伴侣。如果你要和先生一起出席，回复邀请时请告诉主人他的名字。

来一场西餐就餐的实战 *Practice Makes Perfect*

现在就把前面提到过的就餐过程正式地演练一遍，只试一次你就会发现这并不难，关键是要熟练，之后你就能放心地去任何西餐厅，安心地享用任何美食！

- **进入餐厅**

进入餐厅的时候通常是男士为女士拉门，让女士先进入房间。在西方国家男士永远要为女士拉门，包括进出车门。但愿你身边多些这样的中国绅士。

如果你穿着大衣，那进入餐厅后应该把大衣脱掉，一般西餐馆里通常都有衣帽间，你可以把衣服存在那里，别忘了付大约 1 美元的小费。请注意，大多数衣帽间都会注明不会对皮草等贵重物品负责。所以你也可以不寄存，而把衣服放在座位的椅背上。

我就很愿意把大衣存起来，这样会避免衣服染到食品的味道。不过在中国吃饭常常遇到的问题是，最需要存衣服的时候餐厅里却没有衣帽间，比如火锅店！记得有一年冬天在北京吃火锅，我们十几个人统统让助理把大衣拿下去放在车里，只有这样才能避免 1 个月以后还有人问说"你是不是去吃火锅了"！

- **就座**

相互介绍之类的寒暄最好在入座之前进行，坐下来再慢慢细谈。

就座时，按照礼仪来说，男士应该为女士拉开座位。如果有男士这样做，你就站在椅子的右边，由你的左手边坐下去，并说"谢谢"或点头示意。因为在整桌女士没坐好之前，男士不能坐下，所以就算没有男士为你拉开座位，也请你尽快找到自己的座位落座。

太大的包可以寄存，随身带的手包不要放在桌上，可以放在座位上。

- **上菜及开始用餐**

在欧洲，当一道菜端上来时你就可以吃了；但在美国不同，应该等最后一个人上好菜后才开始吃，除非是必须趁热食用的菜品。

在正式场合，如果女主人不在场，坐在男主人右边的嘉宾是第一个开始吃的人——先开始是她的责任，别的人跟随其后。我曾经参加过好几次宴会，女主人或女嘉宾卷入了生动的谈话中，看起来好像永远不会拿起刀叉，别的客人都想吃了，又觉得他们不该"犯规"，只好再等下去。但平时的规矩没有这么严格。

在一些晚宴上，所有的主菜都会放在盘子里端给你。但有时就不同了，服务生把食物端到你身边，由你自己夹菜。作为客人，当食物传给你或在你取菜时，不应该取大量食物而吃不完。如果你需要多一点，还可以再取。通常，每人会传第二次。当满是小羊排的盘子传给你时，你可以取两块；如果羊排是大一些的，只拿一块，因为很可能盘中的羊排仅够每位客人拿一块的。

如果需要远处的东西，比如葡萄酒、盐或胡椒瓶，那就一定要告诉别人，让他传过来给你，而不是自己伸长胳膊去拿。当别人有同样需要时，你也可以传递给他们。

西餐有三种取菜方式，各有一定的规则

1. 服务员将每道菜送到你的餐桌旁，食物放在大盘子上面，取多少由你决定。食物由托盘端上，由你的左边上菜，用托盘上的公勺、公叉为自己夹菜，夹完菜后，要把餐具放回托盘。如果你把公勺或公叉的手柄弄脏了，用餐巾擦干净后再放回去，使下一位客人方便取食。你吃完以后，服务生会把盘子从你的右边撤下。

2. 类似西方的自助餐，你完全可以自己站起来走到对面去取，然后走回来坐下再吃。

3. 当主人从厨房端出一个菜时，自己拿好后把菜传给旁边的人，依次传递。如果你是最后一个人，可以把菜放在你的面前。当需要时，再把它传给别人。

西餐的基本上菜顺序是：开胃菜——汤——主菜（鱼或肉）——蔬菜沙拉——甜点/水果——咖啡/茶

◎ **开胃菜**

作为头道菜或与鸡尾酒交替的佐酒菜，开胃菜各色各样，目的就是刺激食欲。在坐下吃正餐前，通常招待盐渍或无盐的坚果、小碟装的肉或蔬菜馅的面点、小块的肉或鱼……几乎所有的食品都可作为开胃菜，不过分量要少，否则会败坏吃后面正餐的胃口。

◎ **汤**

喝汤应该是最简单的事，但在西餐中也可能会出差错。在中国和日本，喝汤时发出咕噜咕噜的声音是可以接受的，但在西方国家就不行，喝汤的规矩是不能发出声音。喝汤要用调羹从里往外舀汤，有点儿奇怪吧？但这是规矩。如果汤太烫的话，可以对着调羹吹一下，凉了再喝。但绝不能端起汤盘，直接用嘴喝。如果汤喝到要见底了，而你又想把汤喝光，你要把汤盘向餐桌中心倾斜，用调羹从里往外舀。汤喝完了以后，把调羹放在汤盘的中间或是旁边，以向服务生表示你用完了。

◎ **主菜**

主菜通常是一道鱼或一份肉类。

如何吃鱼

西餐中的鱼一般是去了刺的，这样很容易吃。如果上来的是整条鱼，那就要自己除掉刺——你可以先将鱼皮从头到尾拉掉，然后用鱼刀沿着后背划开，这样鱼刺就都出来了。不过我还是想提醒你要注意有可能没除干净的小刺噢。鱼无论是整条的，还是做成鱼块，都得用吃鱼的刀叉来吃。如果想加点儿柠檬，就得把柠檬往鱼上挤，注意要用手遮着。如果你嘴里有小鱼刺，应用手捏出，放在盘子上，不能直接往盘子里吐，这是很不礼貌的。只有在吃熏鱼的时候，因为不需要除皮、除刺，所以通常都是用肉菜餐刀。

如何吃肉

不像我们习惯的肉丝、肉丁，西方人吃肉一般都是大块的，无论是羊排、牛排还是猪排。吃的时候，你一定要把它切开，用刀叉把肉切成小块，大小刚好是一口。吃一块，切一块，别一下子全切了。

牛肉和所有的肉块一样，应该一边吃一边切，不要先一口气都切成小块后吃。

可以按自己的喜好决定牛排生熟的程度，通常有以下4种烧法

1. Rare　生
2. Medium Rare　生与半生熟之间
3. Medium　半生熟
4. Well Done　熟

如何吃鸡

"不能用手"的规则，在吃鸡的时候已经没有这么严格。小鸡、鹌鹑、田鸡的腿，骨头很小，吃的时候可以抓着骨头的一端，微张开着嘴巴吃肉。或者更斯文一些的话用叉子把小腿放入口中，在口中把肉与骨分开后，再用手指取出骨头。一定要时常用餐巾擦擦手、擦擦嘴。

◎ **沙拉**

如果你的主菜盘里有蔬菜沙拉做配菜，它们通常是烧熟的，用你的主菜叉吃就行；如果沙拉放在另外的盘子里，你可以用桌上专门的沙拉叉子去吃。如果没有的话，就用主菜叉。带有芝士的沙拉是主菜和甜点之间的间隔菜，沙拉盘是早已准备好的，你可以用沙拉叉和午餐刀这两种餐具。

有几种菜需要注意，比如说豌豆，你可以左手持叉，右手持刀，用刀把豌豆推到叉子上；如果是美国吃法，就可以用叉子舀起豌豆来吃。吃笋条的话，要用刀切成小块吃，假如笋条很硬，上面又没有汁的话，可以用手拿起整条笋条吃，而把硬的部分切掉留在盘子里。

沙拉是一种适用面很广泛的食物，它可以用在很多场合

1．作为第一道菜：比如说鸡肉沙拉，另一半可以是梨或瓜。

2．作为配菜：比如说混合绿色蔬菜沙拉，作为主菜的配菜。

3．间隔菜：在主菜和甜点之间，配上芝士或奶酪。

◎ **甜点和水果**

最后一道菜是甜点，一般和咖啡或茶一起上。

如何吃甜点

通常蛋糕可以用小甜食叉子（比晚餐叉小）来吃；冰激凌、布丁、牛奶蛋糊等不成形状的甜点就用比汤匙小的调羹来吃。

如何吃水果

在许多国家，水果会作为甜点或随甜点一起上，也有可能是多种水果混合在一起的水果沙拉或拼盘。吃水果关键是怎样去掉果核——在没有刀或叉时，你应该用你的两个手指把果核从嘴里轻轻拿出，放在果盘的边上，不能直接从嘴里吐出来。但在有刀叉的情况下，应小心地使用刀叉，还须注意不要把水果的汁溅出来。

为某些小情调举办甜品派对在美国很流行，如租了一部电视剧，或一张电影碟片。有小孩子的人家很难安排宴请时间，就举行个甜品聚会，让大人和小孩有个可以交流的平台。

◎　**咖啡和茶**

西餐的最后一道"菜"是咖啡或茶。怎样喝茶与咖啡，中国人的习惯与外国人有很大的差别，请仔细读一下。

如何喝咖啡

首先，咖啡杯是瓷做的，有手柄，而且下面有配套的小托盘。喝咖啡的时候，可以把杯子拿起来喝，将小托盘留在台上。当你喝完一口后，一定要把杯子放回盘上，不能让它们分开。

咖啡有很多种类

1. Coffee Regular（有咖啡因的咖啡）

2. Coffee Decaffeinated（没有咖啡因的咖啡）

3. Café au Lait（欧洲的奶茶）把打起泡的热牛奶和咖啡同时注入杯子，成品咖啡表面会装饰牛奶泡沫。

4. Cappucino（意大利的特别蒸出来的咖啡）这是现在最受女性欢迎的咖啡，浮放泡沫奶油，杯上撒肉桂粉，摆柳丁皮少许于奶油上，附肉桂条搅拌用。

5. Espresso（特浓的咖啡）有时在宴请结束时会上这种口味很好的特浓咖啡。不过即使钟情咖啡的人也不会在晚上喝它——怕整晚睡不着觉。Espresso斟在很小的杯碟中，称为demitasse。它用浓咖啡调制，可佐以一小条的带皮柠檬与糖，用特小的调羹来搅拌糖，但这种咖啡是不能加牛奶与奶油的。

喝咖啡用的调羹是用来搅拌糖和牛奶的，用完以后要放在盘子上，不要放在台上。调羹很小，比汤匙小得多，只有一个作用，就是搅拌。绝不能用它舀起咖啡一口一口地喝。

如果是闲暇场合，使用无盘的单只咖啡杯，记得用过的咖啡调羹不容许放在桌上，当然更不容许放在质地优良的桌布和杯垫上。你可以把它搁在黄油盘或其他手边的盘上。

如果你喝咖啡不用加糖和牛奶，说我要"黑咖啡"就可以了。如果你不爱喝咖啡，你可以直说不要。

如何喝茶

当今很流行清茶，如中国的绿茶、薄荷茶，通常不加糖和牛奶。但若是印度茶、红茶或英国茶，你就可以加，量多量少由你选择。

冰茶是盛在高玻璃杯中的，冰茶的调羹用后可以拿出来，搁在盘子上或餐巾上（不能放在桌子上），你可以用手指握住杯的边缘来喝。

怎样在西餐厅点茶

西餐厅里的茶单与中餐厅的完全不同，他们会把各色茶包装在很漂亮的小盒子里，让你挑选。

1. 薄荷茶 Mint
2. 甘菊茶 Chamomile 是没有咖啡因，很让人放松的茶
3. 乌龙茶 Oolong
4. 茉莉花茶 Jasmine
5. 印度红茶 Darjeeling 要放牛奶和糖
6. 英国早茶 EnglishBreakfast 虽然说是早茶，但任何时间都可以喝。英国人总习惯放牛奶和糖一起喝。
7. 立顿茶 Lipton 如上一样，现在有多种口味可以选择

为保险起见，就点你所熟悉的中国茶。但是尝试你从未试过的茶也是个很有趣的事啊。你可以告诉你的服务员这茶你没试过，他们会帮你配上牛奶和糖，当然你也可以选择不放。

怎样在开水里泡袋包茶呢？一旦你觉得茶够浓了，等上10秒钟就可把茶袋取出来，或者用调羹搅拌一下，然后取出茶包放在茶杯旁边的茶碟上——注意是碟子上，而不是桌子上。如果你觉得茶太浓太苦的话，也可以要服务员再加开水。

- **结束就餐**

通常主人会留意客人是否快要结束用餐，当主人把餐巾放在桌子上，并站起来，就表示用餐到此结束。如果你发现主人把餐巾放在他的盘子左边，那就是就餐结束的信号，你也要跟着这样做。

如果是你请客，那就在用完餐后，示意服务员拿来账单，你可以仔细地看账单，这没有什么不好意思的。如果是男士付账，你可以用这个时间去一趟洗手间补妆，把这段时间留给男士去付账并核对账单。

做一个精通的美食家　*Become a Gourmand*

无论在哪里用餐，人们看中的总是美食带来的享受，而不是呆板地遵守条条框框。看过上一个章节，相信你已经了解了最基础的就餐礼仪，为了给就餐画上完美的句号，你还需要学习接下来的这一部分。

- **如何吃海鲜**

海鲜几乎是西餐中最难的部分，它们品种很多，吃起来大相径庭，而且大多都有硬壳。只用刀叉来处理显然是不够的，所以就算是西餐，吃海鲜还是经常会直接用到手。

◎ **蚝和蛤蜊**

用左手捏着蚝的壳，右手用蚝叉（如果有这道菜，蚝叉就会放在你右边的容器里）取出蚝肉，蘸调味料吃。小虾及螃蟹的混合物也可以单独蘸调味料，用蚝叉吃。蒸蛤蜊是一道精致的菜，也可以用手吃。汤碗和溶有牛油的碗和蛤蜊一起端出。蒸好的蛤蜊在端出来时应该是开裂的，必要时就用手掰开。掰开后，用左手捏着壳（因有汁流出，应在器皿上进行），右手抓住蛤蜊肉往上拉起，和壳分离，再把蛤蜊肉放到汤里涮几次，抖掉沙后蘸牛油吃。吃完后，可以喝蛤蜊汤，但因为有沙，所以不要喝到汤底。蒸文蛤虽没有斯文的吃法，但不必担心，正式的宴会是不会上这道菜的。

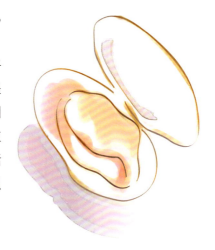

◎ **带壳龙虾**

可能你永远都不会在正规的宴会上吃带壳大龙虾。吃龙虾的正确方法是成年人也得用个围兜，如果饭店提供这样的围兜，那么别怕难为情，戴上就是了。

下面5步有助于你享用龙虾的美味

1．扭下大钳，用核桃夹将它夹碎，用牡蛎叉将肉挑出来吃。

2．将尾巴扭下，如尾巴已断，用叉子把肉挑出来，如尾巴没断，用手把它拍断，再叉肉。

3．扭下虾腿，优雅地把肉嘬出来。

4．龙虾身上的肉可用叉子叉出一小块一小块地吃。

5．用叉子叉虾黄（其实是绿色的）和虾子吃。

◎ **蟹**

根据"好东西留在最后"的说法，首先拉下硬壳蟹钳子放在一边，并从打开的一端吸出肉，注意不要发出太大响动！接着再吃身体的部分，用刀子一边切一边取出肉，再用叉子蘸着调料吃。这个时候，放有柠檬片的洗指碗是必不可少的东西。另外，软壳蟹也可以用刀或叉来吃。

◎ **炸虾**

用手抓住留有壳的虾尾，把虾身浸过调味品后吃，吃完把虾尾放在盘子的一边。

· **如何吃蜗牛**

蜗牛会盛在热的金属皿里端出，通常配有特别的夹具。左手用夹具压住壳，右手用挖蜗牛的食器或蚝叉把蜗牛肉取出。

· **如何吃意大利面**

不管你到哪里，意大利面条总是很普遍的，连我家附近的港式茶餐厅里也卖。意大利面有很多形状，我这里说的是吃起来稍微有点难度的、看上去像中国面条的意大利面。

吃意大利面条还是挺"危险"的，为了不把酱汁溅得到处都是，你该多练习练习。用叉子慢慢地卷起面条，把几根面条都卷在叉上后，一口放进嘴里。你会发现，如果每次只卷四五根的话，就要容易得多了。有的人喜欢用调羹和叉子一起吃，用调羹协助叉子卷起滑溜溜的面条。这样也是可以接受的，但你要知道，正宗的意大利人不会用调羹这样吃，他们只用叉。

· **如何吃西式快餐和小食**

◎ **三层夹心三明治**

如果有其他人在场，你千万不要尝试把整个三明治塞进嘴里，哪怕你觉得这样会显得你可爱！要用刀叉把它切成 1/2 大，然后再切成 1/4 大，如果这对于你来说还是太大的话，就继续切，直到可以一口放进嘴里为止。注意，吃的时候三明治要用手拿着，而不用叉子。

◎ **汉堡包和热狗**

汉堡包和热狗都是容易吃的"手中食物"。但问题又来了——你一定要用餐巾纸垫着吃，让酱汁流到餐巾纸上而不是你的手或衣服上。如果你担心你的衣服，你就要举着它，离你的身体远点儿，斜着把它吃完，也要当心你的鞋子和站在你附近的人。聪明的举动通常是一只手拿餐巾纸垫着汉堡，同时另一只手已准备好另一张餐巾纸。

◎ **比萨**

比萨是不正规的快餐类食物，它可以在餐馆里见到，但不该上晚宴的餐桌。你可以用手拿着切好的扇形比萨，从尖角开始吃起，防止上面的馅掉出来。不要忘记在手中要拿好几张餐巾，像香肠比萨（Pepperoni Pizza）就比较油，不小心的话会滴落在衣服上。

◎ **油煎食品**

对于油油的或涂有番茄酱的马铃薯之类的油煎食品，可以用叉子吃。如果在户外，你当然可以用手——如果你准备好大量餐巾纸的话。

◎ **薯片和爆米花**

薯片和爆米花是两种典型的"噪声食物"，小心点，在宴会上吃这种食物时，应该小口嚼，并使你的嘴尽可能地闭住，不要出声。

我想我们应该把吃爆米花和电影院环境联系起来，淑女不会把爆米花弄得满地都是，而且电影结束后会主动把空的盒子丢进垃圾箱。

和侍者的交流　*How to Communicate with the Waiting Staff*

和侍者们交流的窍门就是"礼貌"。他们是专职的服务人员，职责是使客人无拘无束地用餐。如果你对待他们很和善，那他们就会更好地完成本职工作，你也就会有更好的就餐体验。

· 等待领位员的引导

在国外很多餐馆吃饭，客人都应该在进门口等待领位员，而不是自顾自地闯进餐厅。如果预订了座位，一进门就向他报出订位人的姓名，由他带你过去；如果没有订位，也可以说："请问现在有没有四个人的桌子？"（May I have a table for four people, please?）让领位员安排座位。

· 如何招呼侍者

我看一个人的人品和礼貌，常常是看他对待服务人员的态度。我听说在日本以前有男顾客对女侍者"非礼"的行为，在中国虽然少有这种情况，但"请"和"谢谢"这两个词用得还是不够好，语调生硬、刻薄，有些像是下命令。是为了显示你是尊贵的女客吗？一定要改！事实上，趾高气扬的态度反而降低了你的身份。在这点上外国人也有做得不好的，不过我希望我们中国人能主动改变这点。不要大声说"给我拿杯水"，这样感觉很不礼貌而且很生硬；比较好的说法是，"麻烦你可以给我拿杯水吗？"水到的时候一定要说谢谢。

招呼服务生的时候不可以大声叫唤，如果是美国，招呼他们就注视他们的眼睛并举起食指，当他们看到，你只要点个头他们就会过来。对于男服务生，你可以叫他"Waiter"，女服务生可以叫"Waitress"或"Miss"；但男服务生一定不能用"Sir"来称呼。在中国，现在大多直接叫侍者为"服务员"，男女都可以。至于其他国家，也有男性客人用鼓掌、吹口哨等方法招呼侍者，不过中国淑女们就不用尝试了。

如果侍者的服务很好，请主动赞扬，也可以告诉老板"你的员工今晚为我们服务得很好，工作很出色"。

· 如何处理和侍者间的矛盾

在工作中犯错是无法避免的事情，对谁都是一样，面对和侍者之间的矛盾，请抱着这样的态度去协商。比如点菜或结账时有问题，低声告诉他们问题在哪里；如果协商未果，也千万不要叫嚷，要明白不是他不能给你满意的答复，也许是这件事情已经超出他的工作范围。在这种情况下保持冷静，直接找领班或值班经理解决问题。

得体处理就餐时的特殊情况 *How to Deal with Special Situations*

在餐桌上总有可能遇到意外的特殊情况，我尽可能地罗列出一些。等到你真的遇到这些问题你就知道该如何去妥善地处理；就算遇到从来没有遇到过的特殊情况，你也能很快反应过来这大概属于哪类问题，从而迅速找到解决办法。这也是另一种形式的熟能生巧吧！

- **个人信仰和习惯**

◎ **感恩祷告**

在西方一些人家中做客时，或在有些宴会上也会遇到主人要做餐前的感恩祷告，这时候你要和主人一样，或坐或立，安静地低着头。直到祷告结束才可以把餐巾打开放在膝上，准备就餐。

◎ **遇到不喜欢的食物**

如果在上菜过程中，遇到了你不喜欢或是根本不能吃的菜品，先不要拒绝，可以让它待在盘子中，但你一定要用叉子拨一拨它，这样别人就不太会注意你不吃这种食物。如果别人说："你怎么碰都没碰鱼，今天的菜不合你的胃口吗？"你可以回答说："我吃了一点儿，但不是很饿，谢谢你。"最好不要直接说："我讨厌吃鱼。"

◎ **节食时期**

如果正在节食的你被邀请参加晚宴，那最好事先告诉主人，让他为你准备特别的食品，或者告诉主人你会在餐前酒时赶到而在正餐开始前离开。如果不想麻烦主人，可以在就餐时"假装吃"——让大部分食物绕过你的盘子，吃点你可以吃的东西。在进餐中最好不要说出来，大家其实并不会在意你在假装什么。

如果席间听说有人正在节食，说一句"你真有毅力，我试了很多次都坚持不下来"，显然比"别减了，你看上去一点都不胖"得体得多。要知道有些人节食并不只是为了减体重或要变得好看，而是为了健康。

◎ **素食者**

一个素食者可以吃那些没放过肉的菜、没有牛奶或动物性油的东西，比如沙拉、米饭、蔬菜和水果。

· **发生尴尬的事情**

◎ **异物入口**

遇上不小心吃下去不想吃的东西或是沙子之类的事情，必须先注意不要引起一起吃饭的人的不快，但也不必勉强自己把不好的东西吃下去。最好的方法是用餐巾捂住嘴，快速地把它吐到餐巾上，并叫服务生来处理，要求他给你一块新餐巾。

在咀嚼时感觉到食物中有小石子等异物时，用拇指和食指取出，放在盘子的一旁。如果有一只小虫子被你从沙拉中抓出来，心平气和地要求服务生换掉，语调越谦和越好。

◎ **口中有异味**

对于想成为淑女的你来说，口中的异味会让你发现自己无论是在家中、办公室还是公共场所，都不太受欢迎。下面几种做法会帮你解决这个问题。

去除因蒜或洋葱引起的口腔异味

1. 咀嚼生欧芹　　　　2. 用一片柠檬擦拭口腔内部和舌头

3. 嚼几片干茶叶　　　　4. 用漱口水漱口

有些餐馆会在上完鱼后上一道果汁冰水以帮助客人清洁口气。吃的时候用自己盆里的调羹将果汁水舀到果汁碗里。喝完后，仍把调羹放回盆中，切勿把汤勺放在碗里。

◎ **泼洒汤汁或饮料**

在餐桌上泼洒了东西，无论是对泼洒东西的人还是被泼的人来说，都十分麻烦——泼洒东西的人会不好意思到想马上找个地缝钻进去，而被弄脏的人的心情就更不用提了！

遇到泼洒汤汁这样每个人都可能面临的尴尬时刻，建议用以下方法应付

1. 当把像茶、咖啡一类热的液体弄洒了一点在你的茶杯托盘里时，可以用餐巾纸吸干，以免你拿起湿漉漉的杯子时又洒在别的地方。

2．当你在椅子上弄上类似一滴酱油汁般的小污点，可以用你的餐巾轻擦几下。餐巾脏了的话，就小心地叠好交给服务生（以免使污渍从餐巾上弄到你的衣服上），并向他要一块新的。

3．在洒了很多液体的情况下，如果在饭店里，做主人的应该叫服务员来清理你弄脏的地方，如果不能一下子清除干净，他会给你铺上一块新餐巾，把脏东西盖住，然后上下一道菜。

4．如果你的座位也弄上了大量的污渍，就向主人再要一块餐巾盖在弄脏的地方，同时向主人和其他客人表示道歉，因为你给这顿饭带来了不便。

5．做完之上的补救措施之后，你该向在场的客人（特别是主人）致歉，因为你打扰了大家正常的就餐程序。你也可以自嘲一下，对闯的祸开个玩笑，这会缓解气氛。如果别的客人还没有想到新话题，那你可以主动开始一个，或者回到"泼溅事件"发生前的话题，这对每个人来说大概都是最好的了。

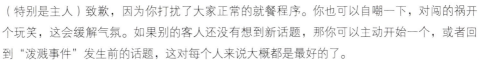

柠檬在西餐中用得很普遍。想优雅地挤柠檬汁的话，就用另一只手挡住。如果提供的是大块的柠檬，也可以把叉子插在柠檬中间，小心地上下摆动直到柠檬汁滴下来。

◎ **想要咳嗽、擤鼻涕或打喷嚏**

这种行为应该节制，因为太显眼。如果你与他人一起吃饭时，非得擤鼻涕，说句对不起，侧转头离开其他就餐者的视线，用面巾纸或手帕擦鼻子，尽量不要用桌上的餐巾。如果用了餐巾，之后要叠好，悄悄地告诉侍者请他替你换一条。

如果你忍不住要咳嗽时，就咳出来吧。但要做得礼貌些。如有可能，用手帕或纸巾遮住你的嘴巴，转过身去，道个歉，去卫生间。

打喷嚏不太容易忍住，但至少可以尽量控制音量，而且要注意一定要侧过身，用手或餐巾遮挡，之后要轻声对身边的人说"对不起"。

在想打喷嚏的时候，试着用食指压在鼻子和上嘴唇之间的人中处，只需要1秒钟你的喷嚏就回去了！

享受世界美食

我到过世界各地去吃不同的美食，普遍来讲都没有西餐这么复杂，但也有"入乡随俗"的规则需要去了解，这样才能更好地融入到当地的文明中。

◎ **吃手抓饭**

在亚洲的一些阿拉伯文化区，手抓饭是传统的就餐方式，也可以吃得很高雅。要注意吃手抓饭前一定要洗手，吃的时候只能用右手抓饭，左手放在桌子下面。抓饭时在食指与无名指中间把黏性的米饭团成小球，再把肉或蔬菜用拇指摁进米饭球内，一并送入口中。

◎ **日式料理**

在日本就餐，你会发现，就算每人面前有十几件餐具，也还是安静得一点声音都没有，但若是吃拉面，发出吸溜吸溜的响声会被认为是对厨师表示赞赏的方式。如果是寿司，日本人会用手指拿寿司浸浸豉油后直接放入口中，他们是用手"品尝"寿司的温度和弹性，感受寿司师傅的"心意"。不过你也可以使用筷子。在非常高级的日本料理店，会有一个很小的湿纸巾专门给你擦拭你的手指。每次吃下一个寿司之前和之后都要擦一下手指保持清洁。

◎ **火锅**

一说到吃火锅我就很高兴，因为我喜欢火锅！比起煎炒炸的做法，火锅特别健康。不过同时我也总很头疼——大家一起吃火锅固然热闹，但所有的筷子都伸到一个大锅里搅来搅去，就算高温消毒，我心里还是不舒服。所以吃火锅时多准备几双公筷，多用公用漏勺捞菜。去每人一个小锅的火锅店的话就可以解决这种问题。

参加家庭式的宴会
At a House Party

除了去餐厅就餐，现在越来越多的人喜欢在家里举办宴会或 party，这样能更加显示出亲切友好的气氛，而且能被邀请参加家宴本身就是主人对你的重视，说明你们之间的关系很不一般了。

接受邀请 *Accepting an Invitation*

通常来说，不管是鸡尾酒会还是正餐，都应该准时，但 15 分钟的迟到可以允许，特别是到别人家吃饭，这"得体的迟到（fashionably late）"不致让主人措手不及。如果你预料到自己将会很晚到，那应该提前告诉主人。我也遇到过几次缺席的朋友，我不想因为这个影响心情，但如果是在真正的上流社会，他们大概永远也不会再被邀请了。

如果主人盛情邀请你的伴侣，你也要把确定的出席信息告诉主人。

到达时间 *Arrive on Time*

到达的时间因地区也有些不同，在纽约或美国的其他一些地方，迟到 15 分钟没问题，

但是在日本，大家都严守时间。有次我在埃及，朋友请我吃饭，定在晚上 8 点。等我 8 点 15 分到达的时候，他们告诉我通常客人都会 9 点来，正式用餐要到 10 点才开始！不过这和西班牙还没法比——那次我在西班牙待了三周，从晚上 9 点 30 开始鸡尾酒会，正餐 11 点进行，不到凌晨 1 点不可能结束！我非常纳闷西班牙人是如何早起的……

总之，我的结论就是：要成为好的宾客，你必须入乡随俗。

造访时的礼物 *Gifts*

对于客人来说，越是受到主人重视，就越要表现出好的礼仪，不仅不能让主人难堪，还要让主人感觉到，这个朋友真是温文尔雅，得体大方！这应该算是给主人最好的

礼物了。

　　每次我办家宴的时候总会同时邀请新朋友和老朋友，有些新朋友会忍不住问我的助理："到底要带些什么给羽西呀？"她们会说："什么也不需要的，您能来我们就很高兴啦！"但如果对方坚持的话，她们就告诉客人说："那就带点能吃能喝的东西吧。"

　　一般来说，给主人带盒巧克力、一瓶红酒（如果男主人不介意的话）、一束鲜花都是不会出错的礼物。如果你能在到来之前，请花店把鲜花送到主人家，那就更周到了——让主人不仅省去了买花的钱，还能避免当场送花弄得手忙脚乱。

参加家庭式宴会要注意的问题　*Things You Should Keep in Mind*

　　不要为了保持所谓的"淑女风度"而刻意坐在角落，真正的淑女是自信并有足够亲和力的。我们不必当社交场所的交际花，但要知道如何得体地和其他宾客主动交流。每次我家举办超过 30 个人的 party 时，我都会要求所有客人之间必须说至少一句话，哪怕是一声"Hi"。其实一个微笑，一句简单的"你好"，就可以开始一场愉悦的谈话。身为主人，都愿意看到所有来宾相谈甚欢的局面。

　　在别人家吃饭时如果把汤汁泼溅出来，或是打碎杯子之类的，你一定要向主人表示歉意。若主人说他会处理的（避免你笨手笨脚，错上加错），那你就先不要动，等着他叫人来打扫。

在西方国家，有的台布和餐巾布面料是非常昂贵的，必须用专业方法来清洗。如果你在主人的台布上弄上了严重的污点，最好自己要求第二天把它送去洗衣店清洗干净，再还给主人。

　　这里有一个重要规则，如果是你或你的家中成员弄坏了主人家的任何东西，比如你的孩子弄脏了主人的地毯，或你的狗把地毯弄得一团糟（带小孩子或宠物去之前一定要征得主人的同意），那你要安排把弄坏的东西收在一起，清理干净或修好它们，在主人有空时再送回去。

参加家庭宴会的注意事项

1. 未经主人允许，不可以带其他家人、朋友，特别是小孩或宠物前往。
2. 相片、工艺品等看完了要放回原处，不要翻动主人家的抽屉和柜子。
3. 对待主人家的其他成员也要有礼貌，包括阿姨、服务生。
4. 除非主人明确说明，否则只可以使用客用洗手间。
5. 不得已才使用主人家的电话，并注意控制时间。

做主人需要的客人 *Be a Courteous Guest*

我总是不断地在家举办派对，有些朋友我会一而再再而三地邀请，他们都是有趣的活跃分子，知道如何帮助我调动现场气氛，让派对更有意思，主人最需要的就是这样的客人！他们真是我无价的宝藏，我很幸运能和他们成为好朋友：巩俐，钟丽缇，莫文蔚，黄晓明，鲁豫，黄舒骏，马艳丽，兰珍珍，沈建国，谈雪晶，王惠，俞渝，林依轮，王敏和庄泳等。

好的宾客具备以下的素质

1. 按照场合认真装扮自己，总是穿着得体地出现。
2. 本身受过良好教育，有很多有趣的话题乐于和人分享。
3. 喜欢与人交流，主动认识到场的所有人（不让主人担心他们会因为害羞而整晚都待在角落）。
4. 如果能演奏乐器或是唱歌那就太好了！一个派对能因为某些宾客的现场表演而格外活泼！

主人在列客人邀请名单的时候要多花一些心思，同时请新朋友和老朋友，也可以让老朋友带志同道合的朋友一起来，这样就可以更多地认识人了。每次遇到夫妇同时赴宴的情形我就有些担心——他们总是在一起，对周围的朋友视而不见；还有些漂亮的女孩子也是这样，摆一个好看的姿势站在一旁，从没想过主动和人交谈。这样的人通常比较没有安全感，也并不掌握社交技巧，所以一般来说我不会第二次邀请他们。

人们总是愿意谈论自己，就像接受电视台访问那样。你可以试着做一个善于倾听的主持人，不断问些对方感兴趣的话题。有谁不喜欢忠实的听众呢？

在party上，遇到不熟的朋友请不要问以下问题

1. 年龄　不仅不向女士发问，最好也不要问男人。
2. 收入　这绝对是个冒犯的话题。
3. 政治　也不绝对，反正要是对现场气氛没把握的话还是远离这个话题为好。
4. 隐私　打探病情、离婚经过、别人的家长里短都不是淑女所为。

当合格的女主人
How to Be a Great Hostess

请客之道就是要让你的客人有宾至如归的感觉，如果你能诚恳地做到这一点，那你就不用担心其他事情了。

——芭芭拉·霍尔（美国作家、出版人）

数年前，中国香港奥委会主席霍震霆先生启发我把怎样招待客人做成教材。他说，中国人一定要知道怎样准备好的宴会，否则便难以招呼来自世界各地的朋友。我想这个题目真是特别有意义，中国人本身就是热情好客的，这和世界上很多国家的人一样，现在让这种热情更多一些国际化当然更好了！

办一场成功的国际化宴会 *Rules for a Successful Party*

我尝试列出以下的项目，帮助你在家或是饭店准备一个成功的宴会。

选择邀请的客人

一个成功的宴会就是一个并不沉闷的宴会，千万不要只邀请来自同一背景的客人。相信大家都去过沉闷的宴会，有时来宾比主人更枯燥乏味，为什么呢？宾客大多来自同一个领域，甚至同一个集团！我从不认为一桌子清一色的律师或工程师会很有趣。

我在北京去过的最有趣的宴会便是前文化部部长孙家正做东的那次，他邀请了不同层面的人，有学者、演员、电视工作者、商人和作家等，大家生动的谈话我至今记忆犹新，更重要的是我们都从中获益匪浅。

我认为："成功的宴会一定要有不同的客人——包括美丽的女人、成功的男人、记者和有个性的艺术家。而且，他们都要是不同年龄并且健谈的人。"

- **语言问题**

我忘了有多少次看见外国人在中国宴会上闷得发呆的情况。通常来说，我开 party 只邀请那些会说同一种语言的客人。如果客人都是说中文的，那我一定不会邀请不会说中文的客人，不然我整个宴会上都要做翻译，太辛苦了。

- **食物**

宴会的食物最好是当季的食品。不过，假如你准备了一份特别的菜单，就不要忘记为客人解释这些菜式到底有多特别。我去过一个晚宴，当晚的女主人为我们准备了一次特别的晚餐——她买了美国马里兰州特有的软壳蟹，并介绍说：4 月份是软壳蟹最好的季节，这时的软壳蟹的壳特别软，你不但可以咀嚼它们，还可以把它们吃下去！但只要再过两个星期，它们的壳便会变硬。而当晚的主菜是从得克萨斯州来的著名的烧烤排骨。正因为她对我们讲解每道菜背后的故事，为当天的晚餐生色不少。另外，我们还不要忘记素食的客人，比如我的火锅宴的食品都是荤素搭配的。

- **席间对话**

作为主人，你要尝试着打开不同的话题，在桌上有话题总是一件好事，除非你的桌子太大令你不能做到这点。我们中国人用的圆形桌子对谈话十分有用。但是椭圆形的桌子，这一点也可以做到。我会在 party 开始前想想客人有趣的故事，然后在 party 开始的时候拿出来与大家分享，使 party 既有意思又很轻松，客人也会很开心。

- **酒和饮品**

如果是中国的酒和饮品，请向你的外国朋友解释它们是什么，这样会令尝试变得更为有趣。如果准备一些有趣、特别的酒作为试味，外国人会愿意来上一点，就算他们不想喝太多。

- **座位的安排**

千万不要认为按照来宾的等级来安排座位是最重要的一环。事实上我更情愿坐在一些健谈而且和我有共同之处的人旁边，而不是什么领导旁边。所以，记着花一些时间在座位安排上，这样你的客人便能被招呼妥当了。

- **请客的环境**

无论是在饭店、俱乐部还是家里，请客时记着要为你的客人提供一个舒适的环境。我在家里请客的次数很多，我总会准备鲜花，而且把家里的温度调节得妥当。当你邀请外国人的时候，千万不要把电视开着（这是人们常犯的错误），外国人会觉得这样很无礼，他们并不会把电视看成是一种娱乐。你可以播放一些轻松的背景音乐，比如爵士或钢琴，也可播放一些和你请客的主题有关的音乐。2006 年美国著名音乐人 Quincy Jones 来到中国，我在家里为他举办了一个 party，当时的背景音乐就是他的专辑 *The Dude*。不过像重型摇滚这些太吵耳的音乐嘛，能免则免了。

● 要去KTV吗？

在中国，带客人去 KTV 或酒吧是很平常的事，因为中国人都喜欢到这些热闹的地方消遣，不过在接待外国客人的时候却不必如此。外国人往往觉得那里环境喧闹，尤其是抽烟的人为数不少。可是据我的经验也不全是如此。我带过一些外国客人去 KTV，对他们来说，他们首先感到的是好奇、新鲜和放松，与国外的酒吧有一种完全不同的气氛和情调，所以对喧闹和烟味浓重的环境也就不太在意了。这大概就是所谓的入乡随俗了吧。

● 其他的娱乐消遣

如果你的客人有足够的时间，可以在晚餐之后带他们去看表演。如果是外国朋友，可以去看杂技、戏曲或手工艺表演等，这些具有中国民族特色的表演会深深地吸引他们。总之，作为东道主的你，如果在任何场合都迎合客人的喜好并保持应有的礼仪，那么你和你的客人都会有一个美好的回忆。

家中宴会的准备工作

What to Prepare for a House Party

作为女主人，通常是家宴上里里外外都重要的角色，之前的内容里面有很多也都可以用在家宴中，我想至少还有以下这些方面我还可以补充。

⊙　上海国际电影节的欢迎派对经常在我家里举办

在家中办宴会的准备工作

1. 不管是自己家做饭还是订好了送餐，建议你选择方便食用的食品——没骨头的好过有骨头的，小块的好过大块的，成块的好过剁碎的。

2. 不管是纽约、北京，还是上海，我的家都有足够大的客厅和餐厅，这样很方便就能在家里举办宴会了。但不管你家的地方有多大，都要有足够的座位让来宾坐下。而且最好能有一小组一小组的感觉，便于他们交谈。

3. 准备大量的餐巾纸。

4. 鲜花能提升家的社交气氛，聚会时至少应该摆放一束，也可以摆设一些引起话题的物件，比如照片、特色工艺品等。

女主人的魅力 *How to Be a Charming Hostess*

有魅力的女主人会让所有客人感到宾至如归，并且有和这个家庭、这个家庭延伸出的社交圈保持密切联系的愿望，那怎么才算是有魅力的女主人呢？

女主人的魅力之源

1. 能够让每一位客人都感觉到很重要。

2. 善于寻找话题。

3. 善于把各种有意思的人召集到一起。有些女主人认为食物是最重要的，其实让大家在party后记忆犹新的还是认识的那些朋友。

4. 有个有品位、舒适的家，她也擅长为party准备合适的环境。

5. 自己也能在party中获得享受。

不要吝惜时间去介绍朋友，就算你只是说上一两句，朋友也会知道你是了解他的。有了主人的介绍，朋友之间的交流就会非常顺畅。比如我有陌生的朋友到来，她是一个舞蹈家，在美国刚拿了大奖。我就会这样介绍她，这样大家对她有了一个初步的了解，就更容易让他们彼此展开话题，结交朋友。

我在 party 之前一定会做很多准备，但 party 一旦开始，我就会全身心地投入其中，投入我的朋友之中。如果主人表现出紧张，那客人是不可能感觉轻松的，同样，主人的亲切随和会感染所有的宾朋。经常有朋友在 party 结束后感谢我，我说你们不用谢我，因为我也确实很享受每一次 party 给我带来的喜悦！

How Should
a Lady Behave?

淑女的礼仪

中国淑女

对别人有礼貌和体贴就像投资一分钱却得到一块钱的回报。

——托马斯·索威尔（美国作家）

我们一直在强调说要做一个有风度、有品位、有修养的现代人。很遗憾的是，中国游客的不文明行为已经传遍了全世界：向空姐泼热水，在机场打架，大声说话抢厕所……这样的新闻经常被报道。之前，美国的 CNN 电视台曾经专门在直播中采访了我，问我认为这是个别现象，还是所有中国人都这样？

当然，认为中国人都是野蛮粗鲁的这种看法是不正确的。近 20 年来，中国经济的发展很快，中国人教育水平和文化素质也得到了很大提高。但是中国游客的行为举止还是会被人批评，我认为有两个很重要的原因。

第一，缺少国际礼仪概念和教育。他们对于公共空间和私人空间的界限不是很在意。

那么，什么是"公共空间"和"私人空间"？对于很多外国人来说，"公共空间"和"私人空间"是分得非常清楚的。"私人空间"是指自己家里面，没有外人在的时候，家里音乐、说话很大声、吃饭没有礼貌，都没问题，因为是私人空间；但一旦你出了自己家门，就是"公共空间"，公共空间有它的一些规矩，礼貌，是要遵守的。

2000 年我写了《魅力何来》这本书，这是中国第一本关于国际礼仪的书，当时销售了300 万册。300 万听上去是一个很大的量，但是跟中国 13 亿人口比起来，还是很少的。

第二个原因，就是从 1966 年到 1976 年，很多受过高等教育的人被下放，礼仪也随之消失了。这是件让人很难过的事情。十多年前，除夕夜我总是参加 CCTV 春节联欢晚会；到了大年初一的时候，我离开北京，回到纽约与我父母过春节。我记得当时机场是空的，没有游客。但是最近几年的春节就不一样了，每年起码有 600 万中国人到全世界旅行。这么快的变化，这么短的时间，中国旅客怎么能学到一些好的礼仪呢？我想中国政府也已经意识到这一点了，在网上专门给了一些意见，非常有趣！比如：不要到哪里都写"到此一游"了，你又不是美猴王！比如，插队一点都不酷，排队才是一种时髦……

公共场合的礼仪
Etiquette for Everyday Life

在公共场合，我们相互都是陌生人，但是要彼此保持良好的关系。人与人之间都有一个让自己舒服的距离，这个空间就好像一个看不见的"气泡"，为自己划分了一块"领地"。如果"气泡"被侵犯了，就会感到不安甚至发脾气。所以我说，保持良好的公共场合关系的原则，就是不侵犯他人的"气泡"。我的"侵犯"不单指距离上的，还有包括听觉、视觉和嗅觉上的。请尽量不要侵犯别人的"气泡"。

1. 慎用手机

包括打电话时要尽量控制音量、在公共场合关掉手机铃声。比如开会，就算没有什么声音，用手机频繁发送短信也还是不合礼仪的。我常常参加在中国举办的一些国际性重要会议，有总统、重要的企业家。在这样的场合，手机还是不停地响，这对台上演讲的人来说是非常失礼的。今天，我们还是会在大大小小的场合遇到这种不礼貌的行为。使用手机就要知道使用手机的礼貌；在有演讲的地方，在重要会议上，在公共电影院，音乐会，在安静的高铁上等类似场合，要把手机调成静音；需要接电话时要到场外或无人的地方使用。

2. 不要随便吸烟

最近我看到网上的一个视频，是一辆专车司机要求一位女乘客下车的录像，因为这位女乘客在他的车上抽烟，司机劝告也不听，所以被要求下车，但是这位女乘客却拒绝下车，还辱骂司机。她说："我都已经停止吸烟了，你就应该继续为我服务。"我觉得她的行为实在是太过分了。她在没有经过司机的同意下，就在人家的车里面吸烟，这个行为在国外是违法的，司机当然有权利让她下车。吸烟有害健康，二手烟危害更大。所以即使在公共场合也不能随便吸烟。

3. 当众打喷嚏或嚼口香糖

有些人在公共场合打喷嚏声音大，还不盖住嘴，这是非常不文明的现象。如果你控制不住要打喷嚏，请一定要盖住你的嘴；如果用手，那么要马上洗手。另外当众嚼口香糖也是不礼貌的，如果你必须嚼口香糖，应当注意形象，闭上嘴不要发出声音。吃过的口香糖用纸包起来，再扔到垃圾桶。

4. 注意自身的清洁

头发、口腔、鞋子和身体上不好的味道也是对别人"气泡"的侵犯，特别是在夏天。有人试图用很多香水盖住体味，但这样的做法并不可靠。我能提出的点子就是勤洗澡、勤换衣，以及不要连续几天都穿同一双鞋（让鞋子有时间充分干燥）。

5. 维持公共卫生间清洁

我刚回到中国的时候，是 1990 年左右。当时我要培训三十个第一批羽西化妆品的美容顾问，培训地点是一个五星级酒店。这些女孩子是从全国各地来的，有很多都没有去过五星级酒店。培训期间有一个很严重的问题就是公共洗手间的卫生。我发现被这些女孩子们用过的洗手间，马桶很脏，池子边有很多水，地上也都是水，非常影响后面的人使用。我每次在使用了洗手间之后都要把它清理干净再走。这是一种礼貌，也是一种文明的表现。洗手间是公共空间，你把它弄得很脏，就是侵犯了别人的空间。

6. 主动排队

它显示了你对公共秩序的认可和主动遵守。比如等车的时候，你是第一个，那请主动站在队首的位置，这也是给后面人一个信号——这里是需要排队的。

三个"魔力词Magic words"

我来到美国以后，第一件使我感到最有印象的事，就是父母从小教他们的孩子说三个有魔力的词（magic words）：

1. 请（please）比如说，如果一个孩子对一个餐厅服务员说："给我一杯水！"父母就会说："要说什么有魔力的词？（What is the magic word?）"孩子马上会明白过来说："请给我一杯水！（Please give me a glass of water.）"这是第一个有魔力的词。

2. 谢谢（Thank you）当服务员把水拿来的时候，如果孩子什么都没说，父母就会问："要说什么有魔力的词？"孩子就会说："谢谢！"这是第二个有魔力的词。

3. 不好意思/劳驾（Excuse me）第三个有魔力的词就是"不好意思"或"对不起"（Excuse me）。如果我正在和一个人讲话，另一个人想插进来，他一定得说"不好意思"。让别人让路一定要说"对不起"。

这些魔力词无论同多大年纪的、什么层次的人都可以说。我发现，这三个魔力词我用得越多，它们就越有效，别人对你的印象就越好。无论对方是谁，只要你使用这三个魔力词，你就是很有文化的一个人。所以，我的建议是，每个人都开始经常使用这三个词。

我写这部分"淑女的礼仪"，就像在你面前放一面镜子，你对照着自己，就知道什么地方需要保持，什么地方还需要改进。礼仪需要几代人的积累，"三代出贵族"就是这个意思。但如果仔细比对着书进行学习，一点点纠正自己的不雅，相信能非常快就有成效。不过还有一点我想提醒的就是，从细枝末节学起并没有什么不好，关键是要让"故意"成为习惯，还要不断地练习。一旦礼仪成为习惯，那就可以全身心地投入到工作、学习和日常生活中了。

在公交设施上 *On Public Transportation*

这是一个人群自由流动的时代，公共交通的方便快捷更是为这种流动提供了便利。若我们能多一点公共交通的礼仪，那它们就会更加便利，更好地为我们提供服务。

- #### 乘坐飞机

在西方的机场一般没有接送人的习惯，大家普遍认为接机是一件费时费力的事情。如果没有太多行李，你可以选择乘坐出租车或者机场穿梭巴士。

乘坐飞机时，行李千万不要又小又多，零零碎碎好几件，不方便也不得体。最好是准备一个大点的箱子托运，然后手提一个拎包，放重要的证件和随身物品。我永远都会随身带一个轻薄的可折叠的袋子，放在行李包外侧的袋里，需要时可以马上拿出来用。

如果你用作托运的箱子看上去很普通，请挂一个有特色的行李牌，现在很多时尚品牌都有漂亮的行李牌卖。在牌子上写上自己的名字和联系电话，这样可以在众多行李中一眼发现自己的，避免别人误拿行李；而且如果行李丢失，至少还有一线希望期待好心人能与你联络。办票的时候要提前准备好各种证件，尽量别到了柜台前才找。

行李超重通常会有高昂的罚款，在这时候你有几个选择

1. 重新整理箱子，扔掉可有可无的东西。
2. 将一部分较沉但体积较小的物品随身携带。
3. 询问工作人员是否应该通过升舱将所需花费减到最低。
4. 如果没有同行者的话，尽量不要考虑将行李算在陌生人头上，这不仅不礼貌，也同时造成了安全隐患。

上飞机后，放行李时如果遇到麻烦可以向空乘人员或身边的男士求助，给他们一个当绅士的机会！起飞前要系好安全带——飞机也许会遇到意想不到的气流，有时候会出现意想不到的颠簸，出现危险情况可不管你是第一次还是第一万次坐飞机！靠窗坐的话要打开遮光板，

靠走廊坐的话注意手肘不要探出太多，以防被餐车碰伤。

在飞机起飞和降落时，座椅靠背应该是调直的。在飞行途中，如果你想躺低点休息的话，一定要先向坐在你后面的乘客打个招呼。

如果为了舒服你想把鞋子脱下来，那先确定你的脚、袜子和鞋子足够干净且袜子上没有破洞。当然你也可以带一双轻便的拖鞋。

在长途飞行中，坐在一起的乘客通常会聊天，注意控制你们的音量——当你们相谈甚欢时，别忘了还有人在兴致勃勃地看电视节目或者睡觉呢。

使用洗手间尽可能缩短时间，你在洗手间坦然地化妆，不知道外面还有很多人在焦急地等待呢。用完洗手间要记得用张面纸擦净用过的洗手池——最好能让用过的洗手间比用前更干净。

在飞机上绝对禁止使用手机，从起飞之前到降落后"可以使用手机"的信号响起。就算你的高级手机有"离线功能""飞行模式"，也还是不要用，这会给空乘人员及你身边的乘客带来不安，不要挑战他人的忍耐极限。如果你真对高科技如此感兴趣，就把手机内容和笔记本电脑同步好了。飞行时你可以使用笔记本电脑，但要在飞机转入平稳飞行之后。

- ### 乘坐火车

坐火车尽量带轻便的行李，可以拉动的最好，因为行李基本都会随身带，不用托运。小件的行李请放上行李架，大件的放在座位下面。

T恤加上宽松的牛仔裤大概是坐火车最好的着装，如果是夏天，强烈建议带件休闲外套，因为车厢里的空调有可能很凉。如果是卧铺的话，记得穿双舒服且便于穿脱的鞋子。

在火车上要自觉维护公共卫生，果皮纸屑等东西要放在桌上的托盘里，乘务员过来打扫的时候请主动帮助他们。

如果坐火车超过12小时，那就尽量避免戴隐形眼镜。在水资源紧张的火车上一遍遍清洗双手、在晃动的车厢里摘戴隐形眼镜，并不是特别方便，也会影响到别人。因此化妆的话也最好简单，并且是容易卸掉的。

- ### 乘坐出租车

开出租车是非常辛苦的职业，在中国尤其是这样，所以请特别尊重他们的工作，言谈要尽量客气，这样他们也会客气地对待你。有行李的话就示意司机打开后备箱，尽量不要弄脏座套。上车后说清楚要去的地方，若有多条线路可以选择，就明确告诉司机"我赶时间，请走收费的高速公路"，或者是"6点前能到就行了，不用绕远"。

我有个女性朋友第一次到纽约，她从机场打车到我家，下车时候给了正好的钱。结果司机就问她："明天就是圣诞节了，你也不给我小费吗？"弄得我朋友很不好意思，赶快又添了几美元给他。在美国，乘坐出租车需要付小费，通常是车费的15%。下车时记得向司机要发票，发票上有出租车的相关信息，如果遗落了东西有可能找回来——你要发票的时候并不知道自己会有东西落在车上。

- **乘坐公交车、地铁等**

乘坐公交车和地铁最容易考验出人的道德修养。我们不止一次看见就算空车开来，等着的乘客都会有座位，大家却还是蜂拥而上。我感觉，上海的公交车、地铁秩序还算不错，就算晚上 9 点，还能看到人们排着整齐的队伍等车。

还有一点考验人的就是让座。我听一个朋友说，有次她坐公交车，上来了一位 60 多岁的乘客。"如果让座给他，他会不会觉得我认为他老呢？"正在犹豫时，她后面的女士说了一句"请您坐我这边来吧"。她回头一看，那位女士竟然是位孕妇！我这个朋友觉得非常尴尬，立刻起身。

我很明白她的犹豫，也有朋友在博客上问我说"不知道别人是真的怀孕还是身材富态"，因此不知道是否要让座。解决这个问题其实很简单，你只要站起身向门口走去，让别人以为你正准备下车就行了。相信你不是抱着要别人感激的心态去让座，不过这样做的话，不论是谁，都会在心里说句"谢谢你"。

如果在车上遇到不规矩的男人动手动脚怎么办呢？你没必要忍气吞声，一旦确定他是故意触碰你的身体，就毫不留情地说："请离我远一点。"

- **乘坐电梯**

在电梯上的时间也许只是几十秒钟，却同样能反映人的礼仪修养。乘坐直升电梯（elevator），进电梯以后要面朝电梯门，站在按键附近的人可以说"您去几楼"来主动帮助站在里面的人。要特别注意，当电梯即将关门时，如果有人跑过来，一定要按开门键等他一下。

在人潮高峰乘坐滚梯（escalator）时，有些地方会要求"左行右立"，即靠右侧站立，扶好扶手，左边留给着急的人上下。如果你不赶时间，请扶好扶手站好即可。

自驾车 *In Your Car*

女士驾车通常都会有两个阶段，先是技术一般的时候，常被别人说"面"，等到技术好了的时候，就变成了"女魔头"，比男人更生猛地横冲直撞！为什么会堵车呢？是因为"笨蛋"

和"坏蛋"——"笨蛋"该走的时候不走，"坏蛋"不该走的时候走。淑女们开车当然不要当"笨蛋"也不要当"坏蛋"啦。技术不好的时候要多加练习，熟练了再上路；技术好了以后也要想起谁都是从新手过来的，要知道礼让他人。礼让别人，你并不会损失什么，反而体现你处处为别人考虑的美德，会得到别人的尊重。

在剧院和音乐厅 *At a Theater or Concert Hall*

我在纽约生活了几十年，这里很吸引我的一点就是有很多的剧院和电影院，在这里可以全身心地投入去欣赏作品，不会有人迟到或早退，不会有小孩子在过道里跑来跑去，不会有电话铃声响，不会有吃零食和包装袋窸窸窣窣的声音，也不会有人交谈，连咳嗽和清嗓的声音都没有。我注意到有些音乐会的老听众，他们在翻看节目单时都尽量小心，生怕发出一点响动。的确，即使是最小的、最短暂的噪声也是噪声。

对于喜欢迟到的女士来说，听音乐会和欣赏剧目的首要礼仪就是准时到场。如果迟到而被工作人员拦在外面的话，要耐心等到中场才能进。

如果是看晚场表演的话，人们通常会穿得比白天正式一些。我个人主张穿得比较正规一些，以此来表达对音乐家的尊重。如果是摇滚音乐会或爵士音乐会，那任何服装都可以被接受。相对而言，像奥地利、德国等欧洲国家，人们出席古典音乐会都会非常正式。

别让优雅与体贴分开 *Be Graceful, Be Considerate*

如果"优雅"让你有高高在上的感觉，那就完全背离了淑女的精神，淑女的优雅举止和对他人的体贴不应该分开。人和人之间一定要平等，互相尊重，你对别人的态度与你希望别人对你的态度一样。从"为他人着想"的角度出发，你的人际关系就会变得融洽，也能够建立人与人之间的信任和理解。

对待老人，比起"您请坐""您喝茶"来说，聊一聊生活，听听他们的故事也许更贴近他们；对待孩子，成为他们的榜样比讲长篇大论的做人道理更有效。

和老人相处的小贴士

1．和老人说话语速不能太快，要说得清晰明亮。有些老人的听力并不差，但你要理解有时候他们不能很快反应过来，所以你还是要耐心地一遍遍说给他们听。

2．也许说话时夹几个英文单词、网络用语是很时髦的事情，但别对老人说。如果他们对此表现出兴趣的话，你可以解释给他们，这很有趣。

3．关心老人的精神世界，不只是琴棋书画，现在适合老年人的活动也丰富多彩，用你的实际行动鼓励他们有自己的兴趣爱好。

4．过马路时如果发现有行动不便的老人，可以先问问他："我搀您一下好吗？"得到同意后再触碰他们的身体。

我在夏威夷读书的时候，人们之间非常友善，见到任何一个人从面前走过去都会说"Aloha（你好）"。我刚从香港过去的时候还很不习惯，但后来就渐渐适应了，并且喜欢上当地人的热情。几年后我到了纽约，一个朋友警告我说，你不能对别人太亲切，纽约是大都市，你这样会很不安全的。后来我明白了，礼貌只是表示友善，不用太过分，就像商店的营业员，他们经常会说"How are you"（你好吗），你可以回复说"I'm good"（很好），加上微微点头和真心的笑，那已经是足够优雅与体贴的淑女礼仪了。还有一点淑女们要注意的就是，你的微笑不该是含有别的意义的，不然会有男士会错意，以为你是在挑逗他。

从事慈善事业也是体贴别人的做法，所谓慈善事业，就是帮助有困难的陌生人，给予他们无私的关怀。我在2011年与中国宋庆龄基金会成立了"中国美基金"，专门用于帮助女性发展和婴幼儿救治等项目。之后我把环球小姐项目和慈善相结合，与国际救助兔唇儿童的基金会合作，每年的中国区总决赛都是一场盛大的慈善晚宴，所有善款都捐献给慈善基金会，用美的力量去做善事，让我很自豪。慈善就是能力大就多帮助别人一些，和富有的能力无关，能力小就少帮助一些，但一定要伸

⊙　希尔顿集团创始人的曾孙女妮基·希尔顿（中）出席我在纽约的慈善晚宴

出援手。我现在有能力帮助别人是我的荣幸，因为我一路走来接受了太多人的帮助！

如果你能给每个人毫不吝啬的热忱微笑，不仅能使你保持愉快的心情，也能给别人带来精神上的鼓舞。

慈善有很多形式，绝对不只是捐钱捐物、做义工。我听说有些企业，想方设法给员工缴很少的税，我很不赞成——如果连按标准纳税的自觉性都没有的话，还谈什么慈善呢？

职场淑女
Business Lady

⊙ 与中国杰出时尚摄影师陈漫小姐

如今越来越多的中国人走出国门，走向世界各地，在机场永远能看到拉着行李箱的白领女性行色匆匆。工作着的女性是值得赞美的，就算不上班也一定要有工作。工作不仅能保持你经济上的独立，也能让你有和外界接触的机会，保持"新鲜"，不断更新自己；有了自己的世界才不会封闭自己，不然圈子越变越小，女人就变得家常和琐碎。不仅是男人，绝大多数女人，相信至少看这本书的你，不会期望自己变成纯粹的"煮妇"。

因此我想在这一部分特别谈谈职场淑女，但愿谈到的内容对你学习掌握国际上通用的礼仪有所帮助。如果将这些礼仪变成习惯，你就能更加专注地处理商务工作。

在世界各国都适用的一些商务礼仪。

1. 首次见面时不要随便称呼对方的名字，请使用姓氏以表示尊敬，除非他们要求。比如一位叫作Bill Washington的先生，初次见面时候的你可以称他Mr. Washington，多半他会说："OK, call me Bill."对女士称"Ms.（女士）"比较合适，这种称呼无关乎年龄和婚姻状况，最为常见。

2. 握手适用于大多数商务场合，如果是在日本，也会鞠躬。握手适用于初次见面或一般的问候。

3. 在《中国绅士》里，我建议男士像对待普通职业女性那样对待政界或商界的女官员——站起来和女士打招呼，帮她们开门、穿上外套。"女强人"这样的称谓并非每个女性都喜欢。男士们照做的话，你就欣然接受，也不用认为是他们在献殷勤；如果有男士对你不管不顾的话，你大可理解为他们还不够绅士，而不是对你个人有什么看法。

4. 虽然中国商人聚餐通常不带配偶，但如果邀请外国人吃晚饭，请记得邀请他们的配偶，并给予其配偶同样的礼遇，这符合西方礼节——除非他们说他们的配偶不能来。因为晚上的时间通常是属于丈夫与妻子的。

5. 中国人喜欢边吃饭边谈商务，不过，按照西方人的习惯，是不会在饭桌上谈生意的，特别是在英国。如果你能巧妙地让另一方主动将话题引到商务上，对你会更有利。

6. 西方人从不带不是自己妻子的女士（除非是自己公司的职员）出席商务聚餐，请注意这一点，以免引起误会。

　　日本商人几乎不邀请客人到家里或是带上妻子聚会，他们通常约在花费昂贵的大型公共娱乐场所。阿拉伯人也如此。如果你应邀到阿拉伯人家中吃饭，最好坐到另一桌，和其他的妇女、儿童一起用餐。

职场礼仪 *Business Etiquette*

　　全世界的人都借助示意动作有效地进行交流，最普遍而有效的是从相互问候致意开始的。不仅是有声的交流，无声的肢体语言也同样很有意义。了解示意动作，至少你可以辨别什么是粗俗的，什么是得体的。这使你在遇到无声的交流时，更加善于观察，更加容易避免误解。

- **目光的交流**

　　在中国，我发现很多人和别人谈话时不好意思望着对方的眼睛，这可能是因为中国人性格含蓄内敛，也可能是出于害羞。在与外国人（特别是欧美人）谈话时，你必须看着他或她的眼睛，否则别人会认为你是不礼貌和不真诚的。

　　应当注意，交流中的注视绝不是把瞳孔的焦距收束，紧紧盯住对方的眼睛，这会使对方感到尴尬。

⊙　与我非常喜欢的著名影星艾伦·艾尔达（Alan Alda）先生交流

交谈时正确的目光应当是自然地注视，不要不停地眨眼和移动目光。试着看对方的鼻梁，你就能表现得亲切自然了。

握手时，目光应该一直注视着对方的眼睛。

• **微笑**

微笑是人际交往中的润滑剂，是广交朋友、化解矛盾的有效手段。美国希尔顿酒店总公司董事长康纳·希尔顿在 50 多年的经营里，不断到他设在世界各地的希尔顿酒店视察，视察中他经常问员工的一句话是："你今天对客人微笑了没有？"多年以前，我曾经写过一篇文章叫《中国需要多一点微笑》，现在我感到这仍然是我们非常需要学习的东西。

微笑可以表现出温馨、亲切的表情，能有效地拉近双方的距离，给对方留下美好的印象，从而形成融洽的交往氛围。面对不同场合、不同的情况，如果能用微笑来接纳对方，可以反映待人的至诚。对于淑女来说，微笑更是一种魅力，它可以使强硬者变得温柔，使困难变得容易。

微笑要发自内心，不要假装。要笑得好很容易，想象对方是自己的朋友或兄弟姐妹，就可以自然大方、真实亲切地微笑了。

• **握手**

中国人现在普遍用握手的方式向对方致礼，但是这种形式并不是中国的传统做法。传统做法是男人抱拳作揖，女人两手扶腰略为弯腰欠身，不过这种形式现在在中国已经看不见了，只能在古装剧或武侠小说里看得到。

这种传统从什么时候变成现在的握手了呢？猜想大概是"五四"运动和"新文化"运动时期吧，我一直觉得这很可惜。我认为与西方人的握手、日本人的鞠躬相比，中国人传统的抱拳作揖是最卫生（比握手）、最省事（比鞠躬）的，也更方便、更文明些。为什么这样说呢？我们的手每天都要接触各种各样的东西，没有办法时时保持干净，总的来

⊙ 斯里兰卡前第一夫人接见 2013 中国环球小姐选手们

说是不卫生的，这些都是握手不好的地方。大家一定有过这样的经验，比如你偶尔在街上看见一个老朋友，热情地伸出手去，结果对方尴尬地说："对不起我的手有些脏……"或者他也不顾自己的手脏，很热情地伸出手来，尴尬加上手上的不舒服，这种感觉会一直延续到你找到盥洗室为止。

所以我认为握手的做法并不完美，其实当你握住一个有手汗的人的手，那种冰凉的、黏腻的感觉常常会让人心里难受一整天。虽然现在整个世界的人都在握手，我也在各种重要的和不重要的场合与别人握手，但在心底里，我一直很欣赏中国人的传统问候习惯。

其他亚洲国家传统的见面礼也很文明。比如见面时，日本人会鞠躬；泰国人会把双手合起来，微微点头并说："Sawatdeekaa。"（你好，女性用语）若在他们国内，与国人相处，也不一定要学西方人握手。但是与西方人相处时，还是需要学好怎样握手。

握手是一种常用的见面礼，有时候又具有"和解""友好"等重要的象征意义。尼克松总统回忆他首次访华在机场与周总理见面时也说："我走完楼梯（从飞机舷梯走下来）时，决心伸出我的手，向他走去。当我们的手握在一起时，一个时代结束了，另一个时代开始了。"据基辛格回忆，尼克松为了突出这个"握手"的镜头，还特意要基辛格等所有随行人员都留在专机上，等他和周恩来完成这个"历史性握手"后才允许他们走下机来。

貌似简单的握手却蕴含着复杂的礼仪细则，承载着丰富的交际信息。比如与成功者握手，表示祝贺；与失败者握手，表示理解；与同盟者握手，表示期待；与对立者握手，表示和解；与受伤者握手，表示慰问；与送行者握手，表示告别。

在正式场合，人们应该站着握手。如果你坐着时，有人走来和你握手，你必须站起来。如果没法站起来，要说："对不起，我不能站起来。"如果你戴着手套，要脱掉右手手套（长至肘部的礼服手套除外），眼睛注视着对方，微笑地伸出右手（即使你是左撇子）。

我知道在中国传统的礼仪文化要求里，常常是等长者和身份高的人先伸出手来，才

可以接受握手。但目前的国际惯例已经变了，如今
无论男女长幼，谁先伸手都可以。如果别人伸手同
你握手，而你不伸手，是一种极不友好的行为。

标准的握手姿势应该是平等式，即大方地伸出
右手。握对方的手时，手掌和手指都要用点力。请
注意：这个方法男女通用！在中国，很多人以为与
女人握手只能握她的手指，这是错误的！握手得用
一点劲，没人喜欢握着一块软绵绵的抹布；当然也不要走极端，握得太紧，让人感觉好像把
手伸到了胡桃夹子里。

握手的时间通常是 1～3 秒钟，匆匆握一下就松手是在敷衍；长久地握着不放，又未免
让人尴尬。握手的一刹那，应该面带微笑，双目注视对方，显得你非常有诚意，而且充满了友谊。

相比较而言，美国人比欧洲人握手少。譬如，法国人总是与朋友握手，哪怕他们之间经
常碰面，在分别时还要握手。美国人倾向于与不常见面的朋友握手，很少与经常见面的人握手。

握手可以从小培养，教4～5岁的儿童学会文雅地握手，这对他们来说是一
种有魅力的姿态。

• 拥抱与亲吻

亲吻有两种，一种是真正的嘴对嘴的吻，但最
好不要在大庭广众之下这样做；另一种是伴随着拥
抱的脸贴脸的亲吻。

大多数北美人、欧洲人（像法国人）都习惯于
温和的拥抱，伴随着脸贴脸的亲吻。以欧洲人来说，
特别是法国人，似乎每时每刻到处都在亲吻：在脸
上、手上，甚至对着空中。法国人是如此认真地对
待亲吻，世界上最著名的雕塑作品之一《吻》就是
由法国人罗丹在 1886 年塑成的。在法国，每次当男士与女士见面时，一定要左右亲吻一次，
这是见面的礼貌。离开时，也要左右再亲吻一次，代表再见。

在社交场合，双方在行拥抱礼的同时，脸颊一贴，然后换另一面颊再贴一贴，长辈对晚辈、男与女之间也通行此礼。

有些欧洲国家，像意大利、法国，男人与女子相见时行吻手礼，即女子把手伸出，手掌向下，对方向前轻轻拉住女方手指前端，在手背上吻一下。当然，行此礼必须要女方主动伸出手来，不可贸然去拉女方的手亲吻。最近我还学到，行吻手礼只是在室内做，从来不在没有遮拦的地方这样做，这一点非常重要，否则会被视为不懂礼貌。

当我参加完一个宴会告别时，如果我不能当面致谢亲吻说再见，我会做飞吻动作来表达我的感激之情，这是可以被接受的。吻礼并非在所有的国家都受欢迎，因此要注意随俗而行。

- **日本的鞠躬**

日式鞠躬表现了日本人的礼貌。正式社交活动的鞠躬（约 30 度），两手放于膝上，并且频频弯腰。常使用的鞠躬约 15 度，两手自然垂在体侧。在日本社会，尤其在商界，了解你要接触的人的地位是极其重要的。公司的地位级别也同样重要，例如，一家有实力的大公司的中层经理比一家实力较小的小公司的部门经理地位高，行鞠躬礼时，地位低的人首先鞠躬，而且鞠得很深。记住鞠躬的原则就是，"你面对的人地位越高，你鞠躬就要鞠得越深"。

那么中国人是否也应该向日本人鞠躬呢？不，并不一定需要，但是如果你略微地点下头、弯下腰，则表明你尊重他们的习惯，一定会被接受。而且，日本人也注重国际通行的握手的礼貌，你可以用握手代替鞠躬。

　　你到日本去，务必把你的鞋擦得很亮，因为在鞠躬的时候，大家一定会注意到你的鞋。

- **寒暄**

"寒暄"最早是"冷暖"的意思，人们的交谈总是最先从天气说起，所以"寒暄"也有了打招呼的意思。用"今天天气真不错"这类谈论天气的话题，并不用过多的考虑便可以与人打招呼。寒暄是件小事，让我们每天都在爽朗的寒暄中开始好吗？踏进办公室，听到一声明朗的"早晨好"，相信你会不由自主地感到心情舒畅；如能主动开口与他人寒暄的话，对方也一样会感觉很好。在办公室，会说好听的寒暄语的人，容易从别人那里得到好感。如下班的时候可以向还在埋头工作的同事说一声"辛苦了""那您忙，我先走了"，如此等等。

为什么男员工总抱怨女同事闲话太多呢？对于职场女性来说，寒暄的"度"并不好掌握。办公室的寒暄不能等同咖啡馆里的闲聊，比如别人说："你今天这套衣服可真漂亮！"你如果回答说："这是我老公送的，他前两天刚去了一趟英国，你知道男人本来就不怎么会挑衣服，没想到穿起来还挺像个样子……"那你们的对话就会无

止无休。其实你只需要回答一句"谢谢"，就可以给这次寒暄画上完美的句号。

- 谈吐

职场礼仪的重要意义在于，你可以通过它来认识职场人士背后的企业形象。不管是面对名流显贵，还是普通的合作伙伴，作为交谈的双方，都应该是平等的。交谈一般选择大家共同感兴趣的话题，但人的宗教信仰、人品、婚姻状况等话题还是不谈为好，打听这些多少显得有些不礼貌和缺乏教养。

在交谈中，无端地打断他人、突然插入毫不相干的话题或是抢着把别人要说的话说完……这些都是不尊重人的表现，别人说话时，要注意倾听。自己发言的时候，也应该随时注意他人的反应，看看大家是不是有话要说。

办公室电话礼仪 *Etiquette for Using Office Telephone*

"未见其人，先闻其声"是通信行业发展给我们提供的便利，但因为用于沟通的元素非常少，就需要特别注意才能产生好的沟通效果。

- 听电话

公司接听电话应该是非常正规的——在礼貌称呼之后，先主动报出公司或部门的名称。如："您好，羽西公司。请问您找哪位？"如果是秘书接听，则应说："您好！这里是羽西办公室，我是她的助理 Linda。"切忌拿起电话劈头盖脸就问："喂，找谁？"如果是在跨国公司的办公室，来电必须在第二声铃响之后迅速接起，铃声响超过三下之后再接听就要先说："抱歉久等。"

当来电话的人说明找谁后，不外乎三种情况，一是刚好是本人接电话；二是本人在，但

不是他接电话，有的是需要转接的；三是他不在办公室里。

第一种情形，说："我就是，请问您是哪位？"第二种情形，接电话人说："他就在旁边，请稍候。"或者："请稍等，我帮您转过去。请问您贵姓？"

第三种情形，接话人则应说："对不起，他刚好出去。请问您需要留言吗？"千万不要只说一声"不在"就把电话挂了。如果打电话的人需要留言的话应清晰地报出姓名、单位、回电号码和留言，但要注意言语简洁，节约时间。

我常要从美国打长途电话到国内找朋友，有时因为他的同事或家人不懂得帮我留言，便会浪费很多钱和时间。替你的同事留个言是很容易做到的事，而且你的举手之劳可以帮助至少两个人，为什么不做呢？

最好在别人便于接听电话的时候打电话给他，而不仅只是你有空的时候，特别是你需要和对方长谈的时候。谈话可以这样开始："张先生吗？我想和您商量一下周末展会的流程，您现在说话方便吗？"

通常由打电话的一方提出结束电话交谈的意向，然后彼此客气地道别，说一声再见，再挂上电话。在听到对方挂断电话后自己再挂电话是非常尊敬对方的表现。

如果你和某人在他的办公室里谈话，而他突然接到了一个紧急电话，你应该问："我该出去一下吗？"或者用手势指指门的方向。为避免尴尬，可以直接起身轻声说："我去一下洗手间。"如果你是接电话人，应该说："对不起，我得接这个电话。"然后主动到外面去接听。

当你打长途电话给别人，正好对方不在，你该选合适的时间再打去。国际长途的话，顾虑到昂贵的电话费，最好不要让对方回电。

打电话时，如果发现出错了，应当先同对方确认一下电话号码，因为可能是拨错号码，也有可能是你记下的号码本来就不对。记得说一声："对不起，我拨错了号码。"同样，如果接到拨错的号码，应当先客气地与对方核对号码："对不起，这里没有人姓张。请问您拨的是什么号码？"如果是对方打错了，那礼貌地请他重拨，不要使对方难堪。

无论什么原因，如果电话中断，首先打电话的人应该再拨一次。

秘书应有的电话礼仪

秘书就好像一个企业的窗口，很多人都是通过她来认识到企业的商务形象。如果你是秘书，要懂得良好的商务礼仪，特别是电话礼仪。如果你要招聘秘书的话，也要注意先教给她足够的电话礼仪。

秘书手头的电话分类名单

秘书不应过多参与老板私人的电话，老板至少应该给秘书提供如下的分类名单：

1. 直接转接类（包括家人、重要朋友、医生、律师、孩子的老师……） 接到这些人的电话，秘书会说："我老板会马上与你通话，请稍等。"

2. 重要客户类 如果你有时间就和他们通话。如果暂时没有时间，秘书应说："老板很想接您的电话，但他现在正在接另一个长途电话，我会告诉他请他尽快回电话给您。"

3. 转接类（与公司业务相关的人） 涉及具体的业务内容，或者老板不在的时候，可以把电话转给专门负责此事的同事。"关于广告报价的事情，您可以直接找广告部，我帮您转过去好吗？"

4. 非接听类（老板不想接听电话的所有人） 接到这类电话，秘书要说："很抱歉，老板一直在开会，您可以发传真或者电子邮件给他。"

秘书接听电话，首要的是能区分什么电话需要直接转给老板，什么电话需要她来处理，什么电话需要转给别人。这需要一点时间来培训，但非常重要。在商务环境中，不要让打电话来的任何人等待超过 5 秒以上，如果不得不持续时间长一点，就告诉来电话的人你会在几分钟之内回电！然后务必要做到。

- **做好电话留言**

在办公室里，每个人上班、下班及中间离开或外出的时间都不一样，当接听同事的电话时，要替同事做好电话留言，记下别人的姓名、电话。在这方面我们要互相帮助，在家中也是一样的。无论是生活中，还是工作中，我们都应当多替他人想想。

现在许多人都在电话上装录音装置，外出时将装置打开就可以记录留言。在录制话音时要注意措辞的语调，比如："您好，这里是羽西公司，我们的办公时间是工作日早 9 点至晚 5 点。请您在提示音后留言，谢谢！"如果是住宅的电话，没必要过多透露信息，直接说"您好，请留言，谢谢"就足够了。

听到留言讯号后就该直接说出你要留下的信息，最重要的就是清晰地说出你的姓名，慢慢讲出回电号码和简短的信息，最好将电话号码重复一遍。

- **留意时差**

打电话要注意时间的选择，既包括选择打电话的时间，也包括电话交谈所持续的时间。

除了要紧事或事前约定好，一般不在早上 7 点以前或晚上 10 点 30 分以后打电话，以免影响人家休息。打国际长途尤其要注意到各个国家和地区的时差。比如美国，东海岸和西海岸就有 3 个小时的时差，夏威夷和东海岸有 8 个小时的时差。我美国家中的电话经常会在凌晨响起，是从中国打的国际长途——为什么不考虑时差呢？真是太不礼貌了。

几个世界城市与北京的时差

◎纽约（美国东部时间）	晚北京13小时	◎东京	早北京1小时
◎洛杉矶（美国西部时间）	晚北京16小时	◎伦敦	晚北京8小时
◎法兰克福（同柏林）	晚北京7小时	◎巴黎	晚北京7小时

不要煲"电话粥"

当你有急事，对方电话却一直占线时，你一定心急如焚。然而你自己是否也曾有过煲"电话粥"的情形呢？电话交谈所持续的时间，应该以谈话内容的多少来定：事多则长，事少则短。在商务活动中，如果不是预约电话，而时间又须 5 分钟以上的，应首先说出自己的通话大意，并征询对方现在讲话是否合适；若不方便，就请对方另约时间。

很多人打电话很喜欢喋喋不休，不分重点地唠唠叨叨。有时候来电话的人太啰唆，我不愿再花费时间谈下去，就礼貌地说："我不想占用你太多的时间，以后再谈，可以吗？"

仪柬 Etiquette Cards and Letters

在日常交际活动中，礼仪文书占有十分重要的位置。我们不妨在此将它们统称为"仪柬"。礼仪文书讲究格式与规范，直接影响交际效果，是不容忽视的。

在这一部分，我要讲西方人使用仪柬的规则，写英文信的规矩，称呼各种头衔的方法，你可以把它同中国的仪柬加以比较。

名片

名片是最普遍、用量最大的一种"仪柬"。现在人们常用两种名片，一种是印有名字、联络电话、传真和地址，办事处地址、职衔的商务名片；另一种则只有名字和通信方式。我的名片上只是简单的几行，可我助理的名片上却密密麻麻写满了各种信息，甚至包括我博客和微博的地址！

欧洲人用的名片比较大，但我也看到过很小的。尺寸在这里并不是重要的，上面的信息很清楚才最要紧。个人建议名片最好不要太大，这样别人才能很好地收藏在名片本中。

名片有两种最常见的功能，一是用于会见。在普通的交际场合中，当介绍自己时，向对方送上你的名片。这是名片使用频率最高的场合。二是用于求见。如果你没有条件在见面之前事先打个电话上去，就在拜访前在自己名片上加上"求见某某人"的字样，交由门卫人员传送，以示要求。当然，最正确的做法是首先打电话。

名片的其他用法

1. 贺喜。与礼物一起送上。但如果是隆重的恭贺，比如朋友结婚，就不要只用一个名片，应再加上一张结婚贺卡才对。

2. 慰问。如自己亲友住院，你不便亲自探望，可以在送花的同时，再在自己名片的名字下加"慰问赵先生，祝早日康复"字样。通常不太熟的朋友可以随花放上名片，但很好的朋友不光是这样，还会有张特别的卡片或一封亲笔慰问信。

在对方的名片上加一些简单的记录和提示是个好办法。如果交谈时发现交换过名片的人的一些特点或爱好，可记在他的名片上以利于下次交往。几年前我参加一位新加坡大使的晚宴，坐在我旁边的是一位聪明而有魅力的非洲人，他留给我的印象非常深刻，我在他的名片上写上："有魅力的人，下次一定邀请来参加我的晚宴。"想不到过了几个星期后，他就是我在纽约的新邻居了，他就是安南（Kofi Annan），联合国前秘书长。

当介绍自己时，用双手向对方送上你的名片；收到名片后要认真地看一下再收起来。

有次参加活动时，北京有个记者注意到我在每个人的名片上都写了一些字，忍不住要看看我在她的名片上写了什么——当时我写的是"short"（很矮），唉，真的很不好意思！但这确实是她留给我的最直观的印象。

153

作为名片的使用者，在亚洲还有一些更正式的礼节：当你与长者、尊者交换名片时，双手递上，身体可微微前倾，说一声"请多关照"。你想得到对方名片时，可以用请求的口吻说："如果您方便的话，能否留张名片给我？"

如果在一大堆陌生人中漫无目的地散发名片，总显得有些过分，不知道的还以为你在乱发"小广告"呢！要有选择、有层次地递交名片，让你的名片最有效地发挥作用。

作为接名片的人，双手接过名片后，应仔细地看一遍然后收起来，千万不要看也不看就放入口袋，或是顺手往桌上一扔。

四种邀请方法

1. **电话邀请**　如果你是打电话邀请所有的人，或你只是在对方的录音中留言，而你还是不能确定他们是否能来，这时你要再寄一张"提醒卡"或发一封电子邮件去提醒对方。

2. **写信邀请**　要尽量用质量较好的信纸来写邀请信。

3. **E-mail邀请**　如果你没有时间打电话或写邀请信，你可以发E-mail邀请。

4. **寄卡邀请**　注意寄邀请卡时附上一个回执。

● 邀请与被邀请

现代商务环境中经常会遇到邀请和被邀请的情况，这也是很有讲究的。在文具或卡片商店有现成的、供不同场合专用的邀请卡。如果是娱乐性的邀请，你可以用类似问候卡或带有照片的卡片。如果设计一个自己专用的邀请卡填好寄出去，可以传达出更多你自己的个性信息。当然在店里定做你需要的卡片也可以，塑料的、有浮雕花纹的卡片，都是不错的选择。

> 一张现成买来或打印出来的感谢卡，就算再怎么精致也难媲美一句亲手书写的"多谢"。
>
> ——艾米莉·波斯特（世界著名礼仪专家）

我们来看正式的请柬，这是专为邀请客人而发的书面通知，是一种简易、明了的书信。请柬是为了表示对客人的礼貌尊敬而使用的一种帖子。正规的请柬用硬质的卡片纸制作，通常是一张纸，也可以分封面、内文两部分。很正式的请柬是特别印制的卡片，附有回执，还带有一个信封。以下是一个十分正规、十分常见的邀请卡和回执的范本。

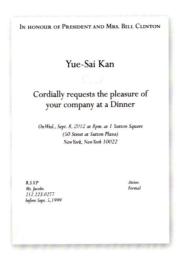

为克林顿总统与夫人而举办

靳羽西

诚挚地邀请您来参加我的晚宴

2012年9月8日（星期三）晚上8点整

萨顿广场1号纽约10022

请于9月5日前尽快回复　　着装要求：
乔珀小姐　　　　　　　　正装
212.223.0277

这是一个最正规、最典型的邀请卡的回执。要注意无论被邀请者的层次有多高，一定要回复是否应邀。

⊙　邀请卡的回执

⊙　回执的信封

使用请柬的技巧

1. 请柬要注意排版设计，以美观大方为基本的要求，而且字体不能太花哨，毕竟请柬以传达信息为主要目的。

2．一定要明确写清楚日期、时间和地点，我建议最好加上着装要求（Dresscode）。

3．如果是正式的晚间活动，活动邀请的女士又比较多的话，请柬就不要设计得太大，大小以能放进女士的晚装手袋为宜。

4．如果请人观看演出，首先应打个电话询问对方是否能来，对方同意后，应将入场券附上。请柬采用什么样的设计都是可以的。

考虑到用信纸太大，用名片又太小，还有一种是介于名片和信纸之间的硬卡，大小刚刚好，叫作"便条卡"（Note Card），尺寸大约是 10 厘米 ×15 厘米，在国外用途非常广泛，是特别强调的一种便条。如果是一张硬质的卡片，还会带信封。写问候信或感谢信都可以，无论被邀请者的层次有多高，这都是一个最正规、最典型的邀请卡及回执。

我相信下面这封邀请信会令对方很乐意接受，大家不妨参照一下

Dear Jerry:

还记得上次羽西化妆品新品发布会上见面时，你曾提到说你也是个古典音乐迷，正巧我也是！我这正好有两张2月23日19点在北京音乐厅的音乐会票，城市交响乐团将演出他们所有的新作品。你有时间吗？

给我办公室回个电话吧，010-12345678。

Yours,

Marie

2012-2-8

- **使用传真**

传真的使用非常普及，我常常收到来自各方面的传真，但是有些传真真让我没法回答，也不知道怎样处理。我觉得有必要在这里谈谈正规传真的标准是什么。

右边的图就是我公司的传真，我感觉，上面的每一行在发每一份传真时都必须要有，少一项都不可以。比如说页数，有时候，我收到的传真都不知道多少页；而且有些公司有很多不同部门，应该有一个具体的电话联络方式。

- **使用电子邮件**

电子邮件是当今最快捷的仪束了，但你要特别慎重地使用，因为得当与否就在一键之间，发出的错误信息无法挽回。

收到电子邮件后要记得及时回复，即使是没有"发送阅读收条"的邮件。

虽然电子邮件方便又快捷，但若是发送重大活动的请束，为避免难以预料的网络问题，建议把电子邮件当作辅助的联络方式。

在写电子邮件时，应该注意

1. 没有错误的语法，没有拼错或写错字，没有用不敬的字。

2. 不要在邮件中开玩笑，散布谣言伤害别人，即便是愚人节也不可那么做。

3. 虽然现在很多邮箱都支持发送大附件，但考虑到接收方可能会花很多时间去收取，还是尽量发小一些的。在我感觉，5M～10M的附件还是可以的，再大的话就分成多次发送。

4. 在"收件人"一栏中不要写太多人，不然容易被系统认作"垃圾邮件"而直接转入"垃圾邮件夹"中，让收件人不易找到。

信件　*Etiquette for Letters*

写信时要注意正确、恰当地称呼他人，特别是对专业人员的称呼。不应该在姓名后加上职业头衔，再加上先生或女士。比如可以说：George Mike, AIA，而不是 Mr. George Mike, AIA。另外，用"Ms."或"Miss."表示"女士"都可以。

我在美国常常会收到来自中国的信，但是我很难回答，因为信上没有写地址和电话。有时候，信上会写"地址见信封"，但由于长途邮寄中碰上雨水，地址部分就看不清或根本看不到，这种情况时有发生。所以我常想提醒大家，最好在信纸上印有你自己的地址，可能的话，加上电话。传真的内容顶格开始写，也可以空6个字母开始。行与行之间没有空行，但段与段之间一定要空一至两行！

　　发信人地址可以写在最上面，也可以是信件的最底端，或签名的下面，但一定要有！收信人 / 日期 / 地址，主题（"Re"）这部分可有可无，抬头只能用"Dear"，不能用"Respected"。但若不是亲近的朋友，仍需要加上"女士 / 先生"等称谓。比如写给克林顿总统，不能直接写 Dear Bill，仍应写成 Dear Mr. Clinton。Sincerely 从右 1/3 处开始，可以和 Re 对齐。也可以用 Yours, Sincerely yours, Love, Regards, Cordially, Respectfully 等很多，与签名之间一定要空两行！

相处之道　*Relations*

　　在现代文明社会，职位有高低，职业却没有高低之分，只要它是合法的，是通过正当劳动工作和赚钱的，都是值得被尊重的，所以不要用职业定义社会地位。

与工作伙伴相处

　　我们大部分时间在工作，所以首先要做一个受欢迎的工作合作伙伴。人们并不是孤立地生活，而是生活在一个和他人共同工作的世界里，所以做一个受欢迎的工作合作伙伴是非常重要的。

羽西20条办公室原则

以下20条原则，帮你成为受欢迎的工作合作伙伴、成功的行政人员和商业管理人员，如果能做到，那你就可以在任何场合扮演任何角色。

1．实事求是、严于律己、宽以待人。不搬弄是非，多找找别人身上的优点。

2．不在公共场合有意或无意地贬低他人。有些人会认为，这样做能表现他的聪明和诙谐，但是别人对他的评价其实恰恰相反。

3．做任何事情都要有信用，哪怕是很小的事情也不沽名钓誉，不要获取不是你应得的赞扬。

4．写封私人信函表达你对一顿晚餐、礼物或别人给予的帮助的感谢，及时写信祝贺他人的成功。

5．及时答复所有的邀请函，在一周内回复重要的信

件和邀请，在两至三周内回复其他的信件。约会要准时，如不能赴约，要事先告知。

6. 如果你是一个管理人员，请保证你的员工有一个适当的工作环境，并帮助年轻的员工参与培训和自我发展。

7. 宁可慷慨，也不要小气。及时归还你借的东西，并在恰当时机，口头或书面向对方表示感谢。

8. 当你的同事被高层管理人员误解而受冤枉时，要积极主动地维护他。

9. 知道适当的场合穿适当的衣服，你的公司或老板会因为你的出席和适宜的穿着代表了公司的形象而感到骄傲。

10. 对于年长者或资深的人表示特别的尊敬，请体谅和照顾他们，对他们表示出与对别人不同的态度。

11. 不要夸耀你的过去或现在，以及诸如此类的话题。

12. 对于遭受不幸的同事表示你的同情和关怀，对于住医院、受伤或生病的同事表示关怀和支持，鼓励你的同事从失望、泄气中站起来。

13. 及时把人们所需要的信息告诉他们，不要等事情到了最后一步才说。也不要把这些信息当作你的私人财产而坐看他人遭受损失。

14. 在不打扰其他同事工作的前提下，最小范围地提及你的爱人、孩子和狗，其实这样有助于你和同事间的沟通。

15. 介绍朋友互相认识，使每个人都觉得自己是受重视的，这样会使他们自我感觉良好。

16. 有团队精神，永远提及集体与你一起的努力。并且不忘记向做了大量工作的基层员工表示感谢。

17. 热情地参与公司的活动，与同事们聊天，不要站在角落里一言不发。

18. 无论在办公室还是家里，都要培养良好的电话礼仪。

19. 永远不要期待或要求别人去遵守连你自己也无法遵守的原则。

20. 不要把对家事的不满情绪带到办公室来，不要对他人耍态度。

◎ **我由衷相信** 一旦你能了解这些，你不仅能成为在家庭中、工作中受欢迎的人，而且无论走到哪里，都能受到人们的普遍欢迎，成为一个有魅力的人。

· **老板与雇员的关系**

在公司里，最重要也是最先要考虑的关系就是与你老板的关系。要防止在这方面犯错误，你，只有你是需要培养与发展这种关系的不二人选。老板有权雇用你，就有权开除你，你没

有必要来改变他或她的方式来适应你的态度与价值观。换句话说，你要努力工作来适应老板，否则就要准备"卷铺盖"回家了。

老板与雇员关系学中的明智先哲——Peter F.Drucker 在他的书中指出："高估你的上司，是有益而无一弊的。"也就是说，要认可你的上司，对他做出较高的评价，因为人的潜意识中会自然流露出只同你尊重的人达成共识，并对他显示你的忠诚。但另外，如果你低估了老板的能力，这也是一种冒犯。老板一般对此是很敏感的，必然会导致你不能再与他共事的结果。

"读者型"老板与"聆听者型"老板

由于大量的时间要花在与老板的沟通上，因此能一下子发现最好的途径是很重要的。你可以试着将老板区分成"读者型"老板与"聆听者型"老板，也就是说，他倾向于当读者还是聆听者。

"读者型"老板偏爱写成书面形式的资料——备忘录与报告，那么试图在与老板交谈之前先给他们读点东西。

喜好聆听的老板，通常会说"我的门永远敞开""如有任何问题我总愿意与你沟通"。这样，你就可直接进去与他谈话，他们可能对书面文本有一点"不感冒"。

◎ **理解你的老板**

或许理解老板最好的方式就是认识到老板也是个普通人，总有弱点和缺点，也会不时地被我们可能遇到的各种问题困扰。同时，也要认识到你仅仅是老板团队里的一员，老板并不拥有你的一切，反而你拥有老板的一部分工作。因此，你的任务就是适应老板的工作习惯、日程安排、未来计划与目标。

不过，人的表面具有欺骗性。近来老板正在研读管理书籍，仿佛表明他更愿意与雇员接近，但事实上，他还是不愿多接触雇员，而宁可多花点时间在备忘录与报告上。在你打报告时，要通过老板的表象看到真实的意图。一个宣称办公室门永远敞开的老板，却在一天之内发两份备忘录；一个表示永远有空的老板，除了十分必要的情况，其实并非真的愿意与雇员交谈，因为他和你交谈时，总是匆忙地处理其他事情。如果你的老板也如此，你还是多写备忘录或便笺为好。其次，与老板相处之道非常重要的一点就是永远不要把老板弄糊涂，或使他大吃一惊。

换句话说，永远不让你的老板显得呆傻。避免这一点的最好方法是让老板与你的工作"并肩前行"。你手头的工作或即将要处理的项目，都要让老板知道。如果任务要延期，你负责的事出了问题，更要让老板在第一时间了解，并且与他探讨如何解决的方案。

使老板一直保持知情权，并帮助他们有效地安排时间。永远在有准备的情况下进入老板的办公室。你不必准备好每个细节——这样你就显得啰唆，但对讨论的主题得胸有成竹。

对项目执行走了样，或工作不能按时完成的任何借口都可能害惨你。一旦你觉得需要对项目寻求外援，在最终期限到来之前，请与老板商讨。如果你确实需要延长时间来完成任务，那也得事先征得老板同意，而不是拖到最后一分钟才告诉他。

最后，如果老板答应过你的事没有做，有必要的话，你可以礼貌地提醒他，给老板一个缓冲的机会去做。

要指出的是，在当今竞争激烈的工作环境里，充分自信有时也是十分必要的。但总是很自信，在老板或团队里老资历的人面前就显得傲慢自大或自以为是了。

请记住你的老板通常会比你更全面掌握公司的信息，他可能与你分享这样的信息，也可能不想让你知道。你意识到这一点，就以放松的态度对待老板，可使你远离许多麻烦。如果你的老板突然一定要你用他的某种方式做某个项目，那你只能去执行了。

在与老板相处时表示谦虚的技巧。

1. 全神贯注地聆听，而不只是推进你自己的构想，让老板有时间来讲述他的计划与客观情况。

2. 用非批评的方式把事实告诉老板。只说事实，让老板了解情况。如果你一直固执己见，会惹得老板不高兴，即使你是没有敌意的，也可能对老板造成冒犯。

3. 要清楚自己的被动地位。你可能干得更出色，也可能想得比较周全，但永远也不可能比老板想得多。一旦他给你一个理由否决提议，很有可能他背后还有另外十个。

如果你想挑战老板，没有必要一味地惹毛他，暗地里使劲就好了。事先准备好你的辩论词，三思而行哦，与老板的公开之战，是对老板权力的挑战。精明的老板是绝不允许下属多次挑战而不受惩罚的。

永远不要冒犯老板。对于一个带点自我意识、有进取心的雇员来说，永不冒犯老板是有一定难度的，但是生意场中的生存法则就是要求你永不冒犯你所服务的那个人。

◎ **与犯错的老板相处**

上司也会犯些尴尬的错误，而你作为部下，为了你与上司的职场生涯，必须有所行动。告诉你，很简单，你可从容地从以下三种方法中选择其一。第一，如果他的错误很小，可以忽略不提。第二，你可为上司辩护，列举出上司所做决定的明智之处，还有其长远利益的所在。因为很少有人会知道将来会发生什么，上司的错是真错，还是假错呢？第三，如果你真的觉得上司犯了错，你可私下里委婉地表达你的观点。如果你觉得这个错误会影响你的事业，你可用只给上司一人看的备忘录，表明你的不满，不要忘了留份复印件，以备参考。

◎ **在老板面前与同事相处**

如果你与某个同事相处得并不好，你不能到老板处去抱怨，这是古代先哲的相处之道。首先，你必须了解什么是合理的抱怨。当你向主管人士抱怨共享的秘书没把信件及时送出时，这样的抱怨只能丢你自己的面子。其次，最好不要抱怨职位在你之上的人——这也会冒犯你的老板，让他联想到你对他的忠诚度。

大多数老板会告诉你，你要共事的某个同事的工作并不尽如人意。由于你仍要同他相处，在向老板汇报之前一定要与这位同事沟通，制订出工作方案。如果确实有问题，你非得告诉老板时，你可按我所说的做：你可以抱怨，但你必须用外交辞令，也就是说，要说得圆滑些。给老板一些把工作做好的建议，或者解除这人的部分工作。

"静坐常思己过，闲谈莫论人非"，不要说同事的坏话，也不要嚼舌。向老板汇报工作状况的时候不要提及同事的名字，让老板自己感受是哪位同事的问题。

◎ **理解你的雇员**

就像硬币有两面，人际关系也如此。一旦你成为管理一些人的老板时，切不可武断。以和蔼可亲的方式与雇员相处有时并不容易。理解你的雇员，就可减少雇员的抵触情绪，改善人际关系，启迪年轻的执行者。简而言之，这可使你的团队中的每个人为你勇挑重担，这就是管理的精髓所在。

一个好的经理不应以自我为中心，不主观，不听片面的话。还有一些其他的技巧，譬如你感觉要对某人发火了，就使用"拖延的艺术"。这很奏效，让雇员们自行制止人际争论。一般说来，成年人都会尽量做好工作，他们不需要一只母鸡在旁边分分秒秒地咯咯叫。老板所要做的，仅仅是启发某人寻找解决问题的方式，以帮助他们自己找到捷径。我还想告诉你，给予建议时，要避免解释具体细节的倾向。一直不停地向某雇员解释各种项目，其实也是不太相信雇员的一种表现，要充分发挥雇员的潜在积极性。

◎ **给予批评**

老板的作用之一就是对你的雇员的工作做出评价。要记住人们只有做自己认为擅长的事时，才能工作得出色，才会发挥潜力、增强信心。所以批评只能用委婉的方式表达。在需要批评时，一定要缩小你的权威性，让雇员明了你谈及的只是他们的工作，是在试图了解他们的想法。

评价工作应该"三思而后行"。如确实需要批评时，建议你从你的办公桌后站起来，搬张椅子，坐在雇员身旁，或他的桌子对面，要让他先开口。你可以这么问："你认为事情该怎样进行？你是否有些特殊的情况？"然后选出一两个问题集中讨论，其余的留到下次再谈。此刻你要仔细倾听雇员的抱怨，不要表现出不耐烦。你只有付出时间，让别人把话讲完后，才能开始你手头真正的工作——批评。当你谈到"这可能要改善……"的时候，请简明扼要，语气要委婉些。

批评时，可先概括员工所做的成绩，探讨当前要做的事，以及将要取得的工作目标，用这些把批评"包裹"起来。

为了打消雇员心中对批评产生的负面影响，你可以试着用阐明雇员所取得的成绩作为结束谈话之点，让他们心中留有一抹亮色。

◎ **接受批评**

没有人喜欢听批评，但每个人又都需要互相协助才能将工作做好。大多数公司里总不可避免地听到对你工作的议论。如何应对批评取决于每个人的个性，还有你的人际关系。记住，绝不可用笑来摆脱批评—— 一定要严肃对待。向老板请教改正错误的方法，让事情向好的方面转变。

当批评谈话临近结束时，请告诉你的老板，你对老板的坦诚和建议表示由衷的感谢。感谢老板给予了你一个公正的评价，事实上你也确实得到了一份公正的评价报告。

如果你一直被不公正地批评着，那么就意味着你该寻找另一份工作了。你可能需要降一级的工作或一个更好的上司。这时，你要么优雅地接受不公正的批评，要么换份工作或换个部门，两者必居其一，千万不要让原先的老板告诉你未来的老板，你是不愿接受批评才离职。

• **与专业人士相处**

尊重专业人士，不管是律师、医师还是银行家，要尊重他们的学历和经验。在会见他们之前你要事先预约，并且准时赴约。

当专业人士为你提供了良好的服务后，你要表示感谢。你也应该避免在社交场合无偿向专业人士咨询。

比如我们常见的导游，他们是受过培训的专业人士。对旅游者来说受到关照总是件便利的事。你若觉得导游所说的并不是你感兴趣的，就稍稍离开团队闲逛，并同本团同伴说一声，千万别转移到其他的团队，听其他的导游讲解。你和团队一起时，不要一人独霸导游，向他问个不停。你想了解更多，去读有关的旅游书和文章吧。在导游讲解时，不要听电台或塞着耳机。在旅游结束时，要感谢导游，这感谢包括给导游小费，通常 1~2 美元一天。

关于酒店 *At a Hotel*

酒店是商务旅行不可缺少的环节，在开始关于酒店的话题之前，请记住一点，再贴心的酒店也并不是你的家，它只是你作为客人暂时租用的一个地方，不论你花了多少钱入住，仍要遵守规定，保持必要的礼貌。

- **入住酒店**

要住酒店前，最好提前通过电话或网络预约，告诉服务人员准备哪天入住，共住几天，需要什么样的房间，申请住房人的姓名，以及当天到达酒店的大概时间，并问清房价。许多酒店都会在一定时间内保留你的预订，万一你比预订时间到达晚得多，为避免取消，就要尽快用电话通知宾馆。如果你要取消预约的房间，有礼貌的做法是及时打个电话告知，这样宾馆就可以及时把房间租给别人了。

入住酒店时请提前准备好身证件、现金或信用卡以及会员卡或其他积分卡。

- **在客房**

客房不是你的私有财产，对待你租用的房间也有一个文明礼貌的问题。从你对待房间的态度很容易看出你的人品和文化修养。

不要在墙上涂写，不要弄脏家具和地毯，也不要在床上抽烟。

用完卫生间后要清理干净，就算没有清洁人员那样专业，请至少把自己落在洗手盆里的头发拾起来。

淋浴时，把围帘的下部放在浴盆里面，这样水就不会溅到外面而弄湿地板。如果你使用浴缸浸浴，用完之后把淋浴帘的下部放到浴盆的外面，不要让它泡在水里。

为了响应全球提倡的环保行动，酒店通常会有个小牌子，建议你如果第二天愿意继续使用床单，就把小牌子放在床上。但若住酒店时正好赶上生理期，不小心弄脏床单，那就别放上小牌子，而要尽快让客房清洁人员来更换。

入住后我习惯先将行李箱里的所有衣服挂在衣帽间，发现需要清洗或熨烫的就马上交给酒店的服务人员。如果你有时间，也可以自己熨衣服，向酒店借个熨衣板和熨斗就行了。

出门在外要有安全意识，进出房间要随手关门。有不少人进入房间后，门虽然锁了，但门的保险链却总是忘记挂好。

除了熨洗衣物之外，现在酒店的设施和服务越来越齐全，送餐到房间、取送传真文件、邮寄信件及包裹、按摩、旅游向导及购买车船机票之类很多。你可打电话到服务台询问如何办理，或好好阅读客房里的服务说明书。

- **在酒店的公共区域**

在宾馆里、客房外都是公共场所，与在街道上行走要一样，不允许穿着睡衣或浴衣在走廊或大厅里转来转去。不要在大厅和走廊高声说话和吵闹，住酒店时要特别注意这一点，要考虑到无论什么时间段都会有客人正在休息。轻声说话，轻轻开关门，教育小孩子不在过道或电梯里追逐打闹。

无论在大厅办理手续还是吃自助早餐，如果有人在你前面，就要按顺序排队等候。在公共区域遇到酒店服务人员，或是和其他客人同乘电梯，可以说声"Good morning/night（早上／晚上好）"来表示友好。

- **退房**

为了节省时间，退房的人要早一点出来比较好，因为正午退房结账的人会比较多。但有的酒店可以通过房间里的电视机来结账，有了这种服务项目，就为你节省了不少时间。

- **探访朋友**

　　如果你是到宾馆探望朋友，要事先往房间打电话，征得主人同意才能上去。不能未经允许就上前敲门。哪怕门是开着的，也应先敲门，经允许后才能进入。

- **小费**

　　在国外，付小费是你对为你服务的人表示的赞赏和感谢。在中国，付小费不是很普遍的事，但我相信会越来越普遍的，这也是一种礼貌。

小费到底该给多少呢

　　除了美国以外，几乎全世界所有的餐馆都在结账单上加上了服务费，这实际上已包含了小费。如果服务特别好，你要多给的话，象征性地多给5%的小费就够了。美国99%的餐馆不加收服务费，你该在账单上加付15%的小费；特别好的服务，可给20%的小费。

　　如果你不能确定账单里是否包括服务费，你可以直接问，这没有问题。问清楚以后再决定付与不付以及付多少。

　　在美国或欧洲，对为你服务的行李搬运工、旅行团的导游、司机、宾馆门口为你叫出租车的服务员以及客房清洁人员，都应该付给小费。

　　有些公共场所的洗手间有专人服务，帮助提供面纸、梳子、棉签和润手霜，遇到这种情况也应该付给小费。

Home, Sweet Home

第五章

淑女的家

看一个人是不是淑女，要看她的外表、看她的举止、看她如何和别人相处，同时也要看她生活的环境——她的家。家是私密的空间，这不仅说明你可以在家里做私密的事情，更说明家可以帮你隐藏很多秘密。通过家居，你可以看到主人的品位、喜好，也可以看到她到底是全方位的淑女，还是仅仅在外人面前是个淑女。有些外表优雅得体的女性，但家却装修得很没品位或是经常乱糟糟的；同样也有些外表朴实的女人，就算住在临时租的小公寓里，也照样把它布置得整洁、舒适，这样的女人不是更让人喜欢吗？

近几年最重要的国际时尚趋势就是更多地关注家，并为更多家庭休闲娱乐营造美好的空间。你看看现在层出不穷的家居杂志和专门讲家装的电视节目就知道了。

家就是我的城堡
My Home Is My Castle

美国有一句谚语说，"家就是我的城堡"，这句话说得太贴切了。在家的时候，我会做许多事情：工作、娱乐、运动、聚会甚至是拍摄电视节目。所以不论我住在纽约、北京还是上海，我都尽量把家布置得很舒适、很温馨。全世界，我有五个家，还有很多租出去的房子，不夸张地说，这么多年，我参与设计和装修了有 150 多个房间，大大小小的，规模都不一样，预算也不一样。这些过程对我来说是很好的经验，很多杂志、报纸都会来我家拍照，作为美好家居的典型，我的家也多次被评为最佳名人家居。

从风格或是功能的角度来看，我认为在布置房间的时候有几点是必须要考虑进去的。

羽西布置房间必须考虑的问题

1. **空间的利用**　不管你的房子有多大，空间都是宝贵的，要好好地利用。
2. **灯光的布置**　对我来说，营造一个温馨而充满魅力的家的关键就是照明。
3. **色彩的组合**　色彩对我来说尤其重要，你肯定理解其中的原因——我一直从事美容、时尚行业。如果非让我住在一个色彩难看的地方，那我一定很快就生病，因为这方面我十分敏感。

存储空间　*Storage Space*

如果房间总是很乱，书籍、报纸、衣服、鞋子和各种杂物扔得到处都是，你要当心了，这是房间向你发出的警告："你的房间没有足够的存储空间！"我认为存储空间与我们平时看到的外在空间一样重要，不论家居风格是极简的还是繁复的，房间的重要作用首先是"收纳"。

所有房间中，除了客厅以外，大约 1/3 的空间都该是用来存储物品的。你可以在我的家中找到很多柜子、抽屉以及你们不容易发现的储物间，这些封闭的空间就是我保持家永远整齐清洁的秘诀。有效地利用存储空间能够为家居生活省去许多麻烦，比起用完物品后就归放在它该在的位置的举手之劳，我绝对不愿意满头大汗地在一座混乱的杂物小山中找东西。

羽西的存储空间

我不同房间的存储空间有不同的作用，写出来几个作为例子。
1. **更衣室的柜子分为**　外套、大衣、睡衣和浴衣、鞋子、包、床上用品（枕头和被子）；
2. **更衣室的抽屉分为**　内衣和袜子、围巾、软包、床上用品（枕套、床单、床罩等）；
3. **化妆间的抽屉分为**　保养品、化妆品、金色的首饰、银色的首饰、其他颜色的首饰；
4. **厨房的抽屉分为**　餐具（金属制和木质）、酒杯（玻璃和陶瓷）、碗碟。

- **衣橱打理**

　　最让女人又爱又恨的家具第一名就是衣橱！几乎所有女人都说她"缺一件衣服"，事实上完全不是这么回事。大多数情况下，衣服都被混乱地放在了一起，即使有一些不错的衣服，也往往会视而不见，于是挑选要穿的衣服经常要花去很多时间，所以说整理好衣橱至关重要。

　　衣橱的空间非常宝贵。不该把不需要的或不常穿的衣服全都放进衣橱中。每年两次，在5月和10月换季的时候都要重新整理衣橱。

　　我是这样做的：把衣橱中所有的东西都拿出来，羊毛衫、衬衫、裤子、裙子以及每一条腰带。我把它们分成三组：第一组是我喜欢穿，并且穿上十分漂亮的衣服。第二组是我喜欢，但并不十分适合我的，也就是说它们还有待修改。第三组是我已经两年没有穿过的衣服，有的已经不再适合我了，有的已经破了或者褪了色。你必须强迫自己把它们扔掉或者送人。这样做并不容易，要扔掉的那些衣服其实也是重要的呀，尤其是那些基本的衣服。所以有必要问问自己需不需要买新的衣服来替代它们。如果需要，我就会列一张清单，在购物的时候就很清楚应该要买些什么了。

　　我有两个衣橱：一个挂晚装，另一个放其他衣服。较长的晚装应该配有一个足够高的衣架，这样衣服不会拖到地上。另一个衣橱有两根杆，一高一低。较高的那根杆距离地面大约1.8米，适合挂单件衣服（夹克、套装和裙子）。较低的那根杆离地大约1.2米。我把整个衣橱分成不同的部分，一处放裤子，一处放裙子，一处放衬衫……这样我的衣橱便井井有条、一目了然，只需看一眼就能很快挑选搭配服装了。

　　每次脱衣服前，先拿出口袋中所有的物品，脱下后要仔细检查，有污渍的话就马上清洁，有松动的纽扣就要立刻缀上，有褶皱的话就再熨一下。全部做完后再将它放回衣橱，这样你衣橱中的所有衣服才是真正的"时刻准备着"！

我不喜欢经常干洗衣服，主要是不喜欢干洗之后的味道（虽然对很多衣服来说，干洗是最好或者唯一的清洁方式）。

大部分衣物都能自己在家处理好，这里有一些小窍门

1．对于白衬衫领口那种顽固的环状污渍，可以将适量的清洁剂倒在小刷子上，把衬衫放入洗衣机之前，先刷一下领口。这样能有效避免污渍的形成。

2．对于那些标有"只可干洗"的羊毛衫，你完全可以用冷水和婴儿香波来清洁。将羊毛衫完全浸泡在水中，只需使用一点点香波，然后漂洗2~3遍直到没有肥皂泡沫为止。晾干羊毛衫的时候，将它包在浴巾中，轻轻挤压，千万不能拧！然后将羊毛衫平摊在浴巾上，使其在晾干的过程中仍然能够保持原有的形状。

3．第一次洗牛仔裤前，先把它放在盐水里泡1个小时再洗就不容易褪色了。

4．深浅颜色的衣物一定要分开洗，就算深色衣物不掉色，洗涤过程中也会让衣物的细小纤维沾在别的衣服上。

5．简易衣架会破坏衣服的形状，买一些做工良好的衣架来挂你考究的衣服吧！

● 通过整理家居生活来缓解日常压力

现代生活压力重重，我们每天肩负许多责任，有很多事要做，却总是没时间去做那些我们想做的事。因此我努力使自己的生活变得简单舒适——必须做到有条不紊，否则生活中有很多事情会让你无法控制。家居整理既给我的生活带来条理又为我节约了时间，并且我发现这样做很快就能见到成效。

羽西整理日常家居生活的方法

1．每一样东西都应该有自己该放的地方，用完之后要放回原处。比如说放内衣的抽屉就只能放内衣，不能存放其他东西。

2．只保存那些你需要用的东西。

3．把你经常用的东西放在比较容易看到的地方（看不到的东西就不会用上）。

4．要学着扔掉那些很久不用的东西。

5．整理其他物品。

DVD 我按照字母顺序将它们排列起来，这样要找到我想看的DVD就很方便了。

CD 同样按照字母顺序排列。

书 我有3000多本书，有很多是我用来做参考的，所以说把它们整理得井井有条是非常有必要的。我会将它们归成音乐、家居装饰、化妆、时尚、旅游、烹饪等不同种类。

手袋 我将手袋挂在衣橱门后的挂钩上。

腰带 我把腰带挂在衣橱内的挂杆上。

首饰 我把首饰放在清洁的塑料盘中，然后放到一个带锁的抽屉里。将它们一件一件摆开，这样看上去就一目了然了。

化妆品 我用化妆盒来存放化妆品。每一样都放在相应的小格里，每星期我都会用温和的香皂清洗化妆刷，然后把它放在干毛巾上晾干。

鞋子 我把鞋放在大约宽21厘米的架子上，宽度正好放上一双鞋子。我用不同高度的鞋架来放不同的鞋子，靴子高一点，拖鞋低一点。只有在把鞋子彻底清洁之后，才会把它们放回鞋架。如果有必要，我会用粗笔暂时遮盖一下擦痕。我也会用上光剂让鞋子光亮如新。

长袜 我的袜子很简单，基本只有两种颜色，黑色和肉色。这样它们储存和整理起来都非常方便，我将长袜分为透明与不透明的两组，同时也把运动袜和羊毛袜分开存放。

丝巾与披肩　我会把那些薄薄的丝巾卷起来放在盒子里。厚的羊毛披肩也会卷起来。以前，我习惯于把它们叠在一起存放，但后来发现这样做非常不方便，因为当我要拿一条丝巾或者披肩时，就会把叠在它上面的全部东西弄乱。

房间的照明　*Lighting*

选择房子的时候，我会尽量选采光很好的房子。比如纽约和北京的家，都有大大的窗户。若你问我在中国居室装潢设计中最需要改善的是什么，我一定回答：是照明的处理。我发现，很多房屋只有天花板上装有一盏吊灯用于照明！其实，一个房间至少需要 5 盏不同高度的灯来点亮它。变化的光源是房间让人看上去更好的小秘密。经典的方法就是每个房间的四角都必须有灯，这样房间看上去会很柔和。我不会只选用中央光源，尤其是从天花板上发射光线的那一种，这样的灯会在每个人的脸上都留下一片阴影，让人看上去很难看。

我使用壁灯来突出墙上的绘画和艺术品，幅面比较宽的可以使用长形灯管，小件就用点光源的小射灯就可以了。

在沙发或长椅的两侧可以使用小的落地灯，比坐着的人稍高一点。它们可以给房间提供中度的光亮。它们距离人很近，让人一下子就注意到，所以灯罩一定要特别漂亮。

在房间四角可以摆放一些可调光的台灯，灯泡的位置比较低，可以发出柔和的光来让你的房间感觉更温暖。

关于卧室的灯光一定要再说一些。你会发现好的酒店客房的床两侧经常有带摇臂的壁灯，我喜欢在床上阅读，所以也在我的床两侧安装了这种灯，很方便调节位置，在你阅读的时候也基本上不会影响旁边的人。

最后，可以用蜡烛来补充一些光。在咖啡桌放几只蜡烛，夜晚就更加迷人了，有些蜡烛是有香味的，能多一种感官享受到夜晚的浪漫！不过一定要选择纯天然的香味蜡烛。

家的颜色 *Colors*

对于房间来说，首先我会决定房间的基本色调。然后采取基色或其色系的相近色或对比色进行装饰。比如说，我在纽约的客厅就是绿、黄、红、粉、黑、棕6个颜色的组合。房间里的任何东西包括烛台都是由这其中的一种或多种颜色构成的。我不会把这些颜色以外的东西放在房间里。

比如，我就不会把蓝色或者紫色的碗放在房间里，因为它们不在我选用的颜色的范围之内。对于这点我很严格。

家居配色的原则

1．空间配色的基础色不应超过三种。
2．金色、银色可与其他颜色陪衬。
3．家居最安全配色灰度是：墙浅，地中，家具深。
4．建议天花板的颜色应浅于墙面，浅色天花板显得房间大。
5．贯穿的多个房间如果使用同一配色方案可以显得空间更大，不同的封闭空间可以使用不同的配色方案。

让家成为友谊的大花园
Entertaining Friends at Home

如果没有书、音乐、鲜花、照片或挂画，家也许没法称为家，但我认为，没有人气的家也不能算是真正的家。在家里迎来你喜欢的有趣的朋友，他们能带给你无尽的愉悦。加利博士是联合国第六任秘书长，我采访他时他正好是我的邻居。他说，如果给他几个小时让他选择去参观一个博物馆还是和一个有趣的人在一起，那他就会选择后者。是的，人才是最有意思的。如果你问我是否是一个收藏家，那我就会说我是的——我收藏有趣的朋友！

在全世界我都有很多朋友，除了电话和电子邮件联络，如果我到他们所在城市的话，我会尽量去见见他们。当我回到北京、上海或是纽约我自己的家的时候，第一件事情就是开一个大 party 来和好朋友们见面。我喜欢在家里举办聚会，家是一个非常特别的场所，它能提供给朋友们一个非常轻松的环境。比起很多饭店又闷又拥挤的聚会环境，家简直可以称作完美了！从这个角度说，也要尽可能把它布置得舒适并且有品位。

不论你有多少钱，都该学学如何在家里款待你的朋友，这和你花大价钱请他们去餐馆的感觉完全不一样。我到纽约打拼了一段时间后赚到一点钱，不是很多，但我总算在纽约有了第一间属于自己的小公寓。我还记得那种叫作 studio 的房间小到连独立的卧室都没有，总共才 25 平方米。但就是在这个小 studio，却迎来过西哈努克亲王（Prince Sihanouk）、印度国王、《财富的革命》（Revolutionary Wealth）的作者——未来学家托夫勒（Alvin Toffler）、歌唱家帕瓦罗蒂、纽约市长和不少议员，以及很多大牌的电影制片人、歌手、演员和有意思的人。我也因此明白了一个道理——在家里开 party，有趣的永远是人，而不在于你的家有多大。我也去过那种在豪宅举办却邀请很多无趣的人参加的聚会，整个晚上我都盼着能有个氧气罐来帮我呼吸！

既然我喜欢在家里招待朋友，那我当然知道让房间吸引人有多重要，所以我尽我所能去做到这一点。不论预算多少，都有办法可以为朋友的谈话创造温暖舒适的环境，这不是一本谈室内设计的书，但我在室内设计方面有不少心得想和大家分享，就写几点我认为最重要的吧！

墙饰 *Wall Decorations*

在中国的家里可以经常看到墙饰，有绘画作品、买来的现成的印刷画、自己拍的摄影作品或者自己的照片，但却很少让人觉得这些墙饰给家居环境加了分，或多或少都有些不合适。

最经常遇到的问题是画太小。两三米宽的一堵墙，只挂一幅杂志那么大的画，不成比例！对于一整堵需要装饰的墙来说，要么选择一大张挂画，要么就用很多张小的画。我有个朋友就在一堵墙上挂了 30 多幅大约 28 厘米 ×25 厘米的画框，里面全是她的贵宾犬的照片，非常可爱！

还有一种常见的问题是挂画时没有考虑画里的光线方向和室内的光线一致。比如要挂一幅从左侧打光的人物肖像，要是把它挂在窗户右侧的墙就比左侧的墙好。

另外还要注意画本身的颜色和房间的颜色要

能匹配，忽略这点的人常常是因为太喜欢自己某张照片，于是把它放得大大的、挂得高高的，就顾不上家居的整体色调了。

　　　组合多幅画挂在墙上之前，先把它们放在地板上进行排列和调整，直到完全满意了再挂上去。

地毯和地板　*Carpets and Floors*

　　在客厅和卧室中，我喜欢在整个地板上铺上地毯，有装饰效果、能隔音又平添了很多温暖。用吸尘器清洁地毯是很方便的，但每星期至少要清洁一次。每三个月至半年用清洁剂清洗地毯。如果不小心把饮料洒到地毯上，要先用大量的吸水纸吸干净，然后再用一块湿布仔细擦拭，而不是一开始就拿抹布使劲擦。如果是红酒洒在上面，用纸巾吸掉后再倒些苏打水上去，就会马上去掉红色的印记，最后再用纸巾吸净所有水分。要注意化纤地毯和纯毛地毯在清洗和保养上有很大不同，可以请专业的清洁公司来处理你的大块地毯。

　　在餐厅可以使用木地板，它没有瓷砖的硬冷感，非常适合就餐环境，而且木地板又比地毯易于清理，这一点更加适合家中的餐厅。

　　浴室的地面可以是做过防滑处理的瓷砖或大理石，你也可以在浴室放上与浴巾、浴袍颜色搭配的地垫，这样不仅是为了好看，安全因素也是必须考虑进来的。

音乐 *Music*

我经常问自己："这世上有哪一件事物是我生活中不能缺少的？"那就是音乐。如果你也像我一样这么喜欢音乐，喜欢被音乐环绕的感觉，那就要注意你的环境了。我学过很多年的钢琴，偏爱古典音乐，特别是钢琴曲，不过我也喜欢其他音乐，爵士、流行乡村……都不错嘛！它们充实了我的生命，也让我的情绪瞬间得到舒缓。

给整个房间配备一套好的音响系统是非常值得的投资，从此以后你可以在家里欣赏歌剧院、电影院的效果，与家人和朋友也有更美好的欢愉时光。

鲜花 *Flowers*

我家里常常会有鲜花，一直以来都是这样。在最初设计整个空间的时候，我会特地考虑到摆放鲜花的位置。花瓶也是需要认真选择的室内装饰，买花瓶之前要想好这个花瓶是放在家的什么地方，里面到底是插什么样的花。如果是离人较远的地方，我就会放一些制作精良到看不出是假花的假花。因为我经常不在某一个家，回家时候看到有一点花心情就会很不一样了。

如果你不懂插花的话，就把一大束同样的花插在瘦高的花瓶里——一大束玫瑰、康乃馨或者菖兰，都会很好看。花大束比小束好看。

我很喜欢大朵的白色百合，它的香气令人愉悦，而且能摆放很久。要记得等百合开放露出棕黄色的花蕊时，就要把花蕊摘掉，不然它们落在地毯或者沾在衣服上会很难洗掉。

如何让鲜花开得更久

不同的鲜花有不同的保养方法，但有一些是通用的。

1．买回来的鲜花要重新修剪一遍——用锋利的刀斜切去至少3厘米，切口平滑才能更好地吸水。

2．剪掉会泡进水里的叶子。

3．除了茎部泡在水里，最好也有机会让叶子和花接触到水，比如把整把花倒拿着在水池浇水。

4．不要把花瓶放在阳光直射的地方或者空调出风口附近。

5．每天都换水。

6．往水里加点糖，花会保持更长时间。

蜡烛 *Candles*

除了考虑花瓶的位置，我也会考虑在哪里摆放蜡烛。点燃蜡烛会有温馨的家庭气氛，会有一点神秘感，但也会很容易联想到节日。我喜欢将有香气的蜡烛放在各个房间里。

如果家庭聚会时有人吸烟，可以在吸烟区点燃一根蜡烛以祛除烟草弥漫出的味道。

从前有位室内设计师到我家，说要把我家变成一个炫耀自己的地方。我没有雇用她，我不想为了炫耀而装饰自己的家，只希望它很舒适，可以满足我尽可能多的需要，即使别人不喜欢它也没关系。（不过迄今为止，还没有人说过不喜欢我的家呢！）多花一点心思在你的家吧，你至少有三分之一的生命会在这里度过。

Women in Love

第六章

像淑女一样去爱

在我几十年的人生之中，见过更经历过不少男女之间的状况，除了认识中国人，我也和很多外国男性有过深入沟通，也嫁过外国人，结过婚也离过婚……男人与女人的话题永远都谈不完，不过我这里谈到的"绅士与淑女"，或许不少都是你第一次知道的事情！

约会
Dating

约会有很多种，有职业性的也有社交性的，这里我要谈谈男女朋友之间的约会。我们要用新的观念来看待约会——男女约会只是约会，并不注定终身！多认识一些人总是好的，至少可以进行比较后再做决定。现在世界越来越小，你一天新认识的人也许比你祖父一辈子认识的人都多，所以不要因家人要你结婚就有压力。国家只规定了结婚的年龄下限，只要超过了下限，什么年龄不可以结婚呢！

约会可以让你和别人有更多交流，不论结果如何，约

会双方都会期望这是一次美好的经历。如果你问人们在享受约会时什么感觉最重要，相信多数人都会说："和一个有条理、健谈的，让我感觉自己很特别、让我轻松的人在一起最愉快。"

一个好约会的构成　*What Makes a Good Date*

不需要说太多由谁发出邀请的话题了吧，现在的时代，不论男女，都可以首先发出邀请。虽然通常发出约会邀请的责任总落在男士肩上，女士显得被动，但绝没有理由说女士不可以主动邀请男士。

一个好约会的呈现

1. 最少提前三天通知约会，任何在两小时前提出约会请求的人，都很难让对方接受。
2. 制订约会计划前考虑一下对方的兴趣爱好，总不该强迫足球迷去看芭蕾舞吧。
3. 不要试着在最后一刻改变计划。
4. 约会的地方最好有新意，但这主要由约会的对象和目的来决定，普通的场合也未尝不可。
5. 穿着要得体，这以不使其他人感到尴尬为准。
6. 面对突发事件要有灵活的应变态度，不要不停地抱怨（这是真正的扫兴行为）。
7. 约会结束时要感谢对方：对付账表示感谢，对所安排的计划表示满意，或仅仅对令人愉快的友谊而表示高兴也可以。
8. 在一次特别的约会后告诉对方你的心情。比如："我从来没觉得在户外烧烤是这么有趣的事情""我希望以后还能和你一起看那么好的音乐会或电影"。

约会的规则　*Rules of Dating*

如果你问我在男女交往的规则中，哪一种行为最没有礼貌，我会说是"放鸽子"——答应赴约但没有来，也没有提前取消，那你就犯了人际交往中最大的错误，这种人是不受欢迎的人。如果在上层社会，你也许再也不会被邀请了！

真正的淑女也不会用故意迟到来证明自己"值得等待"，约会时经常迟到就是明显不尊重别人的时间的表现！

- ### 邀请

发出邀请时不能害羞，不能以为说了"你喜欢看电影吗"，就算作发出了邀请。一位喜欢看电影但不想与你一起去的男士是不会把这句话看成是约会信号的；而一个不爱看电影，但又希望与你约会的男士，会有一种受挫感。明智的方式就是具体、直截了当地发出邀请："你是否愿意在星期五晚上与我共进晚餐，然后去看场电影？"

- **接受 / 拒绝邀请**

即便有过约会经历，在向心仪的人发出浪漫约会邀请时，不管男士还是女士，都会有点挑战自尊的感觉。作为被邀请方要理解对方的用意，不管是接受还是拒绝，都应该尽快做出反应，这才符合发邀人的心意。

有礼貌地接受邀请是令人兴奋的："我也希望能与你在周五晚上去看电影！"拒绝也应表现得更有礼貌，尤其你想再次受邀时更应如此："对不起，我那天有个重要的会议。我能不能下星期再与你一起看电影？"也可说得更多，直接表示出你希望另外安排一次约会。受邀的一方可以这么建议："星期五我不能和你出去，但星期天晚上看场电影怎么样？我有空，你呢？"这个建议男女都可以提出。

如果你不能立即答复，也要让对方明白这一点。用拖延的策略不告诉发邀人你不打算赴约，可真是一件很残酷的事。

如果收到你并不喜欢的人的邀请，你要表现出有礼的拒绝，阻止他的单相思。在开始说"不"字前先说对不起。如果对方对你的措辞不敏感，那你就得加强拒绝的口气。如果对方不管你不喜欢的答复，一而再再而三地向你发出邀请，你这时语气要坚定："不！我不能在晚上出去，虽然我得谢谢你的邀请。"

- **守时**

当今世界是竞争和讲究效率的时代，人们的时间观念普遍比以前要强得多，时间就是效率，时间就是金钱，时间就是信誉。"守时"就是尽可能准时，不迟到但也不是很早就到。别人约你 2 点钟会面，你 3 点钟去固然失礼，但你若 1 点钟就去，别人还在忙自己的事，被你打断，也是失礼的。

- **谁来付账**

传统认为男士应该付账，但很多传统习惯已经改变，随着职业女性经济上的独立，采用AA 制也未尝不可。这里最重要的事是两人应事先知道在约会上谁将付哪部分钱，要想方设法避免"可以借点钱给我吗"这类让人不愉快的惊奇！不管是试着推托付账还是在对方准备付账时抢着付账，再没有比"由谁付账"的争执能更快地毁掉一顿美餐的感觉。若你不太富有，在确定约会时应该诚实地预先提醒。你可以说："我能搞到星期五晚上两张音乐会的票子，真希望你和我一起去，但你能付你自己的那张票吗？"我也见过一对中年夫妻吃饭，结账时用两张信用卡分别买单。

除非事先说好，否则邀请者应付约会的费用。比如首次约会是你邀请男方，那你就该付清从头至尾的一切费用。之后，两人可根据相互的兴致和财力分担费用。

约会时的行为 *Behaviour During a Date*

你知道英语的"pick up"（搭识）一词是怎么来的吗？这得追溯到古代，如果一位女士看上了自己喜欢的人，就会故意丢落一把扇子或一方手绢。那位意中人就会"pick up"（拾起）还给她，接着就展开了话题，如同现在说的"搭讪"。

当今社会，随着旅行、频繁的交际往来、网络等新的生活方式出现，你可以接触越来越多的人，你的选择也更加多种多样。当然，事情也变得更复杂，很多人不知道该如何表现。那我就从钟情的人如何成为朋友开始写起吧！不管结果是两人分手，还是有情人终成眷属，最初的想法总是先交朋友。如果你仔细阅读以下的建议，你就能抛开压力，轻松交友。在这一部分里，我要谈到某些你遇见异性的特殊情景该怎样去处理。

- **"盲"约会**

    "盲"约会就是指两人的第一次约会，可能由其他人安排，也有可能是你们俩通过网络确定的。在大多数情况下是两个互不认识的陌生人初次相见，因此难免会有些焦虑和手足无措。

我有一些建议来让你消除"盲"约会的焦虑

    1．第一次约会的时间不要太长，45分钟至1个小时就可以了。即使你看他第一眼就不喜欢，但作为一位有礼貌的淑女，还是应该体谅地坐上至少45分钟。其间你还应该主动挑起话题，不要冷场。你表现出的礼节，他是能感受得到的。如果确实喜欢他，你可以延长你们的约会时间。

    2．出于安全角度的考虑，尽量挑选四周有些人的公共场所，比如咖啡馆之类的地方。这就是为什么星巴克成为人们"盲"约会最喜欢的场所的原因之一。

    3．关掉你的手机！如果一定要开手机，你就得说出理由，也许是等一个重要而又紧急的电话。约会时你的电话响个不停是很粗鲁的事情。

    4．如果你确实不想与这位男士有进一步的发展，怎么办呢？那就把约会看成一次很好的学习经历吧。提一些你想学的问题，肯定有对方熟悉而你不知道的事。如果你够聪明，这样的约会是不会浪费时间的。

- **约会时的话题**

    对于很多人来说，与你不熟悉的异性谈话总有点儿困难，而且你对他的"兴趣"越浓，就越是无从开口。我曾单身多年，有过 N 次的约会经历，我将这些宝贵的经验总结成几点，提出来供你参考。

我的约会经验

    1．约会时一定要放松心情，想着仅仅是交个朋友，希望与他共进一顿美好的晚餐而已。如果总想着一次约会将会决定自己的终身幸福，那就太蠢太没必要了！不要给自己施加压力，捆住手脚。不要指望通过一次约会就做什么重大决定，想着"就一次约会嘛，算不得什么"，那么你就能轻松自如了。

    2．我是一名电视主持人，我对不同的人都充满了好奇，总会提出很多问题。据我的经验，被采访的人都喜欢认认真真地谈谈自己。同样的道理，在约会时也可以这样。想要了解他就问尽可能多的你想知道的问题，这也能使你从紧张中解脱出来，因为你掌握了主动，你把注意力集中在他的身上而不是你身上了。

3．约会时重复提他的名字。我注意到人们喜欢在谈话中被别人提到自己的名字。被人叫到名字会一下子拉近彼此的距离，让人感到亲近与融洽。

4．在开始几次的约会中，你也许会发现男人有些自吹自擂，他们是想借助这种方法来显得更自信。这些事情你知道就行了，没必要戳穿他，但也不要对他的夸夸其谈表现出浓厚的兴趣。有次我约会一个男性朋友，当他第三次向我提及他的上亿家产时我打断了他："怎么，你是想给我一些吗？"

5．试图找到你们俩共同感兴趣的东西，确定什么是他最喜爱的。一旦发现了就可以投其所好，越谈越自然。

6．在所有的人际交往中，我个人认为"诚实"是最关键的，不要夸大任何东西，要诚实地讲关于自己的事，不要说谎。如果你对对面的男人并不是很感兴趣，就不该提起任何与婚姻或小孩子有关的话题，以免给他错觉以为你在暗示什么。如果你是已婚的话，你一定要诚实地让人知道，对别人说关于婚姻状况的谎话不仅是没有道德的行为，还会让人怀疑你的为人。

英国《新科学家》杂志向初次约会的人提出的建议：
◎ 把乘坐过山车或看惊悚电影当成约会项目——可刺激肾上腺素分泌；
◎ 约会时模仿对方的动作，比如他喝水时你也端起杯子——可产生亲近感，让他有受关注的感觉；
◎ 一起运动，比如打球、爬山、骑马——可促进脑部多巴胺的分泌。

结束约会

对于成年人，结束约会应该有一段"台词"。无论哪一方，在夜深时都该建议说："太晚了，该回家了。"如果你没有打算放开自己，与这位男士有更加亲近的关系，千万不要邀请他进你的家，或是接受男士邀请去他家，这都是做爱的信号。如果你不准备在这层面上发展关系，就清楚地在门边上感谢这次约会，道晚安。如果你觉得也许以后会和他有更进一步的发展，那就说"以后吧"，就不至于把"门路"封死。

分手
Break-up

有些人认为分手很容易，也有人觉得它很难，因为她们不知道何时该说"分手"，更不知道该如何说。也许你是一个执着的人，但如果你已经遭遇了以下的大多数事实，就意味着这段感情在向你发送"危险"的信号，你就该重新认真考虑一下这份感情给你带来的是不是你想要的了。

分手来临前的10大信号

1. 经常无端地争吵。
2. 不再有性生活。
3. 开始被别人吸引。
4. 你有意无意地找借口不和他在一起。
5. 错过他的电话也不会想再打回去，如果他没回你的电话或短信你也不会失落。
6. 很在乎花在对方身上的钱。
7. 没兴趣谈论未来。
8. 你父母和亲友对他的喜爱让你难受。
9. 欺骗。
10. 动手——我说的是在身体上伤害对方。

你的男朋友当着你的面和别的女人调情，你可别把这当成挑衅从而醋意大发。既然他的身份是你的男友，那他就不该"心有旁骛"，这绝不是绅士应该有的举动。不过你还是要表现出淑女的风度，不管心里多别扭、多受伤，也应该面带微笑——其实是在仔细观察，记下当时的情况，事后再冷静地向他提出你不喜欢他花心的行为，希望他能专一。他可能会道歉，从此痛改前非，当然也可能再犯。再犯一次还可以原谅，再犯两次的话，我建议你毫不犹豫地和他分手。根据我的经验，一个男人在谈恋爱的时候就不尊重你的感受，很难想象他会在婚后一心一意地对你。

如果你的男朋友和其他女人发生了关系，这比第一种情况更糟糕。我决不会容忍这种行为，甩他没商量！请冷静地向他摊牌，别像个泼妇大吵大闹。要知道，女人在吵架时的容貌一定是很丑的，记住"冲动"是"魔鬼"。淑女对待问题永远冷静理智。要记住，一时不忠的男友百分之百会变成一辈子不忠的老公。

分手的经验会令人不愉快。分手后，你会有向全世界数落男方种种不是的冲动，千万要克制自己，除了家人和好朋友，没有必要告诉任何人你和前男友之间的恩恩怨怨，一切跟外人无关。如果你的埋怨被曲解并传到前男友耳朵里，这场分手会变得更不堪，少说一句会让你少受伤害。

淑女如何提出分手 *How to Break up in Style*

提出分手是讲究技巧的。如果你已经决定结束一段关系，你就要考虑如何提出而不伤害到对方。这种时候太直白反而不好。"我从没爱过你！""我已经爱上别人了！"这种话太伤人，最好不要说，除非你提出分手的原因是对方"脚踏两只船"。对花花公子，没必要考虑他的感受。

任何男女关系的正确前提是浪漫，或者就是始于友谊。如果浪漫关系不存在了，你们仍然可以是朋友。我的前夫现在依然是我的好朋友，有困难时他也会打电话给我。虽然离婚离得很难，但我还是很好地与前夫保持友谊。多一个朋友总比多一个敌人好，不是吗？永远记住别人的好。记其恩是自我救赎的唯一途径。

请记住被你拒绝的人也有尊严和情感，他越是在乎你，受到的伤害就越深。如果不可避免地伤害了别人的感情，从一开始你就要表现出诚实，不要为自己找借口。在这种时候，实事求是总是最好的。

如果对方没什么不好，你只是觉得两个人不太合适，想要分手，此时可以接受善意的谎言（这是男女关系中唯一可以撒谎的时候）。我记得曾经对一位前男友说我很想要小孩，而他不想，所以我要分手（他比我大20岁，有小孩，经历不是很愉快，所以发誓不再要小孩了）。

我用过的其他借口有："我真的觉得我配不上你！""我经常到处飞，我不想找一个和我一样的'空中飞人'。"

如果你对约会的对方不感兴趣，该怎么说再见？第一次约会时不要答应太多，如果不想发展关系就不要说你会打电话给他。我通常说："我会给你写电邮的。"

简单地说，你的借口可以是真实原因的减弱版，告诉他维持这段关系对你来说是多么难。要耐心温柔，不要冷酷绝情。比如他很少花时间在你身上，你可以说"每个周末你都不在我身边，我感觉备受冷落"，而不是"你从来不把我放在心上"！

如果你们交往超过一个月，并且已经有了性关系，那我建议你一定要面对面提出分手，千万不要用微信、电话、电子邮件、信件等方式说分手。你唯一的选择："从容面对面说分手，是一个良好的开始。"

餐厅会是一个好的选择。分手千万不能选在约会时曾经去的浪漫场所，去一个中立一些的地点。

淑女如何面对分手 *How to Deal with a Break-up*

认真听取对方提出分手的原因。如果他很聪明，他会把真实原因用不刺耳的方式表达出来。当然，不管原因是否真实，他能说出来就表明他已经下定决心。不要像小孩一样大吵大闹，乱扔东西。你可以哭，到洗手间调整情绪。你可以问问题："为什么分手？""是不是有了第三者？"这就够了，不要问更多。

分手以后不要给对方打电话，告诉他你还很爱他，希望他回到你身边，不要假装怀孕或是做其他更愚蠢的事。淑女要保持自尊自爱，死缠烂打只会损害淑女形象。

我治疗分手伤痛的办法有

1. 玩命工作，让自己忙碌起来，这样就不会再去想他。
2. 离婚后我学会了一些西班牙语。学一门外语需要很多精力，不能分心。
3. 离婚后我开始了一项健身计划，保持至今。
4. 向好朋友倾诉（可以是你的妈妈、姐妹）。她们往往是最好的听众，也能适当转移你的注意力，又不会出卖你的痛苦。

5．最困难的时候，对自己说："时间会冲淡一切，黑暗总会过去。"（相信我，一定会！）

6．给自己积极的暗示，比如"我会遇到更好的男人，他会爱护我、珍惜我"。

每次遇到不顺心的事情的时候，我总会发现我自己其实就是问题的根源，是我给自己造成了不愉快的情况，而不是别人。所以只要能调整自己的心态，"一切都会好起来"不是说笑的。

丈夫与妻子
Husband and Wife

这本书不是专题探讨两性关系的，但作为一个妻子，起码该对丈夫温柔体贴、关怀备至。中国不是也有"举案齐眉""相敬如宾"的成语吗？说的就是夫妇双方互相敬重，以礼相待。

有人说，家嘛，是最放松的地方，何必这么做作呢？但我要说的是，爱情之树要保持长青，要正确地"浇水施肥"，不然很快会被"虫蛀"，会枯萎甚至死亡。对于婚姻，虽然我只有5年的经验，远远称不上是个专家，不过我有很多教训呀，而且还希望与大家分享一些与婚姻有关的礼仪。

首先，不要把婚姻看成一件必然的事。记得有次我碰到一位很久没见面的男性朋友时吃了一惊，因为他胖了很多，还变得很邋遢，后来我知道原来他结了婚。结婚以后变成"黄脸婆"的女人也不少。不少人都认为婚后很多事都会自然地改变，不用再约束自己，这些想法并不正确。女人成为妻子后会为家庭奉献很多，但不要把爱自己的心也奉献出去了，只有你先爱自己，丈夫才有可能更长久地爱你。

其次，妻子要注意给丈夫留有面子。成功的婚姻并不是没有争吵，只是他们的激烈争执都发生在自己家中，从不是在别人面前。因为男人大多爱面子，我相信在众人前不给自己老公面子的妻子是不会得到丈夫尊重的。但在中国，很多丈夫却不给自己妻子面子，他们甚至会带别的女人参加一些隆重场合。我在国外从来没有见过这种情况，除非是婚姻出了问题。

最后，夫妻间应该理性地处理各自的异性朋友，应多沟通，甚至不妨做些约定。我的朋友，美国版 Cosmopolitan 杂志的创始人、前总编辑 Helen Gurley Brown 和她的丈夫，电影制片人 David Brown 有一条保持他们婚姻美满的规则——他们都同意对方可以单独和异性吃午餐，但如果是晚餐的话就一定要另一方也在场才行。这是一个很好的做法，能帮助双方都减少一些诱惑。当然，你不一定要照搬他们的规则，可以根据自己的实际情况做一些适当的约定。

丈夫就像火一样，一不照顾就会熄灭。

——莎莎·嘉宝（美国女演员）

怎样处理婚姻中的矛盾　How to Argue

夫妇间难免有争吵。淑女应该这样处理夫妻间的矛盾

1．夫妻吵架，常常是"床头吵架床尾和"。男人的坏脾气常常来自工作，请不要给他太大压力，多倾听，多理解。

2．在大庭广众下，一定要给先生面子，千万不要对着干。请回家后再心平气和地交流看法。

3．对于家务分工，我认为还是"先小人后君子"的好。刚结婚时就应该根据两人的工作情况细分家务活，以后该谁做就谁做。

4．经济方面也容易引起矛盾，一听说丈夫藏"私房钱"，太太就火冒三丈。其实各个家庭都不相同，你们可以把日常开销做个预算，来个AA制，余下的钱各自打理。也可以一方管日常开销，另一方管大的花销。无论哪种方式，都要让丈夫充分知情，免得为日后埋下互不信任的"导火线"。

5．把争吵尽可能控制在你们两人之间，不要让第三者知道，也不要在亲属朋友间谈论你先生的过错。

分居　*Separation*

近年来中国的离婚率不断攀升，如何处理离婚也成为一个"课题"。我听一位朋友说，有对恋人分手后，男方要求女方把收到的礼物、花掉的钱款一一还给他。这太让人吃惊了，男人怎么能这么计较，这么没风度呢？如果已决定分居了，就不要再吵架，不断升级的吵架只能埋葬你原来还应留存的彼此之间的美好。所以我觉得有必要谈谈分居与离婚——除了心理因素，如何做到好聚好散呢？我也曾离过婚，但我与前夫至今仍保持朋友间的交往，我可以写一写经验，但最好还是希望大家没有运用的机会。

不管是法庭判决还是私下协商，离婚后总有一方会搬出去，在此之前也会有分居的现象。就算仍在同一屋檐下，但至少会分开房间。

> 一场没有冲突的婚姻，几乎像没有危机的国家一样不能想象。
>
> ——安德烈·莫洛亚（法国传记作家）

如果决定分居时你们已经有了孩子，那最好在一方离开前的第一时间里告诉孩子发生了什么，把真实情况坦然地说清楚；如果孩子太小，可以用童话故事或打比喻的方法让孩子明白父母一定要分开。不论是丈夫还是妻子，一定要有人去谈。作为母亲，我知道你会很担心孩子受伤，但不论怎么加倍爱护，都不能消除父母分居对孩子产生的影响。所以还是尽早告诉他们，一旦孩子明白了事情的不可挽救性和必然性，他们会理解的。

分居的礼节

1. **通知其他人**　除非还想恢复关系，否则应该告诉各自的家庭和好友自己分居的消息。

2. **更改地址**　如果你是搬出去住的那一方，应告诉对方你的新住址、电话，这些资料甚至应该告诉你的上司，以免影响到工作。

3. **社交活动**　在分居期间，还应该参加得由你们夫妇共同出席的聚会或其他社交活动。若你们共同的朋友只邀请你的丈夫而没有你，你应该大度地理解这是他们为了避免你们俩相处时的尴尬。

离婚　*Divorce*

近年来，离婚在中国社会变得很常见了。尤其在大都市，已经达到了百分之五十左右的离婚率。这非常不幸，高速的现代生活把婚姻也变成了"速食品"。便捷的交通方式和发达的通信科技缩短了人与人之间的距离，却给婚姻的牢固带来了威胁。与此同时，中国经济高速发展所带来的机遇和挑战也让很多人不得不在事业和家庭之间做出选择。我见过很多被离婚彻底打垮的女士。离婚很伤人，它是一个梦想的终结。

- **离婚之前**

当怀疑你的老公有不忠行为的时候，首先，你要掌握确凿的证据。我是自己发现的，我的一些朋友用过私家侦探。在美国，私家侦探搜集的证据在离婚法庭上是有效的。在中国我不知道，但掌握证据才能制定对策。

搜集好证据以后，你可以做两件事：

要么假装不闻不问。我的一位意大利女友是这样做的。她的老公在他们几十年的婚姻过程中有过几次外遇，我的这位女友听从她祖母的教导，对一切装聋作哑。现在夫妻两个都已经上了岁数，相敬如宾。这个例子证明了如果你不发作，假装不知道，他也许会回到你身边。

要么就为你的权利而战。在向你的不忠老公提出离婚之前，我建议你先找律师谈谈，了解你的权利，这一步之前不要采取任何行动。

至今，我还记得我发现前夫有外遇后的愤怒和无助，我记得当面质问他时我的手脚冰凉，无法控制眼泪，声音也是颤抖的，但我没有让自己失去控制。我没有大吵大闹，也没有乱砸东西。我冷静地和他讨论一切细节。到今天我们还是朋友，这是原因之一。（美国有一种针对婚姻出现问题的夫妻设立的心理咨询服务。心理医生和夫妻两个坐在一起讨论，寻找挽救措施。我们的咨询没有成功。）

有两件事我离婚时没有做，我建议你也不要做

1．**不要为钱争执**　夫妻离婚往往第一个要争的就是钱，但这种争执毫无意义。我的一些女朋友跟前夫争财产很多年，最后两败俱伤，只有律师得利。为自己想想，是让自己的精神和感情受到永久性的伤害，还是潇洒一点，向前看？我离婚的时候，我的前夫对我很不公平。但我想，不就是钱吗？我还能赚！所以，我选择放弃。现在，我更能做到这一点，因为我的经济完全独立。"潇洒"离婚的关键就在于你要经济独立。我从不嫉妒那些不知道如何工作养活自己的女士，因为一旦离婚，她们受到的冲击是最大的。只有经济独立，你才能掌握主动。

2．**不要待在家里，自怨自艾**　要及时调整，开始新生活。我抚平离婚伤痛的方法就是拼命工作。你要学会把负面影响变成积极的动力。只有你才能为自己开创全新的生活，别人都帮不了你。所以，行动起来，越早越好。

- **离婚之后**

离婚就像一场情感上的大地震，剧烈的震动会从震源源源不断地扩散开来，长期危及相关成员的感情。但如果处理得当，替他人多着想，也是可以走出自我沉沦、痛苦与遗憾的低谷期的。

如何通知你离婚的消息

1. **告诉孩子**　在第一时间告诉你的孩子。最好的做法是双方先讨论怎样告诉孩子，然后一起坐下来告诉孩子，有时一次谈话是不够的。记住，作为父母亲，你们一定要诚恳地、坦白地回答孩子提出的任何问题，就算再小的孩子，因你们的摩擦受到的伤害也不是一次两次谈话所能解决的，需要较长时间来消除离婚这一事实带给他们的伤害。你一定要亲自谈，不可委托他人。另外，事情也应让关爱孩子的人知道，包括亲戚、保姆、教师，甚至孩子朋友的家长，以免孩子在青春期时发生反常的行为。

2. **告诉父母及亲属**　通常都是各自告诉自己的父母与亲属，他们会很快站在你的一边，也有可能采取慎重保守的态度。但一定不要将他们归于你的"同盟军"去反对另一方，让两家成为仇家，这绝不是淑女的风度。

3. **告诉朋友**　对知心朋友一定要亲口跟他们说——不要让流言不胫而走。你可以做个私人交谈，或给远方的朋友写信。避免详谈细枝末节，或将对方的过错夸大。不要期望朋友站在你的一边，和你一起咒骂前夫。在伤痛期间，人是需要同情的，但若谈话充满仇恨，那总有一天你和你的朋友都会后悔。

4. **如何向不知情者提及**　当别人问起你的前夫时，你可以说："我们已经离婚了，他现在很好。"不要对你的前夫说三道四，也不要告诉他人你和前夫的问题，因为这与他们无关。总的来说，你不用对别人说太多，这也是一种礼仪。

要做有风度的淑女，不要到处宣扬前夫的不是，尤其在生人面前。我从不说前夫的坏话，尽管我有充分的理由可以这样做。费这样的口舌对我来说毫无意义，离婚是旧生活的终结、新生活的开始，为什么不集中精力打造新生活呢？不管前夫的行为多么可鄙，说前夫的坏话永远不是一个淑女的所为。多想想他可取的一面，总应该有吧！不然你之前也不会嫁给他。

离婚以后遇到朋友问起，轻松地说一句："合不来，就

分手了。"如果他们追问细节，又不是很熟的朋友，你没有必要解释，沉默是金。

当别人提起离婚的话题而你不想继续下去的话，可以这样说：
◎　离婚也不一定是件坏事，我们都在学习适应。
◎　我的婚姻不成功，但我离婚离得很成功。
◎　知道得少些也许对你更好。

如果发现一些以前共同的朋友现在不再理你了，怎么办？这确实很让人伤心，我就有过这样的经历。还是那句话，做有风度的淑女，毕竟，你不能让所有人都满意。如果他们选择站在前夫那边，由他们去吧，损失是他们的。你很快又会建立自己的朋友圈子。再次见到这些"遗弃"你的朋友时，也要有风度一些。

从离婚的经历中，我有一些感受想与你分享：保持与前夫朋友般的友谊是一个淑女应有的风度。我有一款香水命名为"第一次爱"，其中有"第一次爱总难忘记"的意思。之所以不能忘记因为都是刻骨铭心的爱。

离婚是你人生中的一段故事，并不意味着把美好的一切都断送了。其中，与你前夫还保持友谊是你的选择，因为你们有许多共同的朋友和经历。我至今还与我仅有 5 年婚姻的前夫保持着很好的联络，当我知道他身体不佳时，我带着我的几个妹妹和他的朋友一起去看他，给他带来欢乐。不是情人了也不一定要变成仇人，藕断丝连因为友谊永存。

- **继子与继母**

就拿我来说，遇见我前夫时，他就是一个有孩子的鳏夫。孩子，不管年纪多大，他们总会受到亲生母亲及其亲属的影响而知道继母是怎么一回事，并有可能因此引起争夺父爱的战争。

我以前也读过继子们如何合伙对付继母的故事，当时我对即将成为四个成人孩子的继母感到非常紧张。时至今日，我依然认为我的前夫是一位真正的绅士，他在这个方面做得很好。我俩订婚后的一天，他告诉孩子们（当时我不在场）："嗨，你们是我的孩子，我将永远爱你们、关心你们。只要你们需要，不管何时何地，我总是站在你们的一边！但我要你们知道，我准备娶一位新太太，她是我生活中最重要的女人，你们应该尊重她，尊重她也就是尊重我。"

他把孩子们放在有权利的一边，把我也放在正确的位置，这让孩子们知道他们的领地不会被别人侵占。自此，我以后的婚姻生活与继子们和平相处，相安无事，他们总是很尊重我。

也许你也有可能成为一个继母，希望你的先生也能在再婚前这么教育孩子们，让你和继子们有和平、温暖的未来。

跨国交流
International Communication

经济的国际化交流也直接带来了情感上的跨国交流。对于如何和中国人相处，你们一定有很多心得，所以我就说说如何与外国人进行交流。

与外籍同事相处　*Dealing with Foreign Colleagues*

首要的，也是最关键的，要看看他们来自哪个国家。

我接触过的外国人里面工作起来最随便的（注意，不是大大咧咧）要数澳大利亚人。欧洲人，像意大利人、西班牙人，还有南美人和中东人也会让工作气氛很轻松。美国人同样如此，如果你为小型家族工作，他们甚至会把你当家人看待。不过，我还是建议你保持一定距离，对于跨文化的交流，亲近也要有安全的范围。

⊙　与美国前总统奥巴马和美国前国务卿基辛格在白宫晚宴上交谈

日本人、韩国人的工作作风同欧美人相比有着天壤之别。以我个人的经验而言，日本人和韩国人更讲究尊卑，上下级界限分明，他们十分重视规矩。遇到这样的上司，你应该特别注意自己的言行，在什么位置就做什么事情，不要跨越级别。

很多人都会犯的一个错误是看到外国人言行随和就不加姓氏直呼他们的名字（first name）。千万不要！第一次接触就直呼对方名字是很不礼貌的，宁肯保守一些，比如James Bond，你要礼貌地称呼他Bond先生。如果他不是很讲究，在你叫他Bond先生后，他就会说："叫我James好了。"这是一个信号，收到这个信号之前，一切还是以正式场合的社交礼仪为准。

不管是在中国国内的还是国外的外国人，他们都对中国的一切充满好奇，如果你能伸出援手帮他们消除语言和文化上的障碍，他们会非常感激你。这种帮助可以是很不起眼的，却也可以为中国人争取到"解释"的机会，毕竟外国人对中国的了解十分有限，也很片面。如果你能向他们解释中国的国情，比如什么是人民代表大会、最新出台了哪些政策法规、民间风俗的来历……他们就会非常欣赏你。他们在外国长大，没有中国亲戚朋友可以咨询，所以你的帮助就像雪中送炭般显得十分重要。

同外籍人士交朋友 *Making Friends with Foreigners*

我在美国读大学，因为拍摄《看东方》《世界各地》《羽西看世界》这些电视节目，也到过全世界几十个国家和地区的数百个城市。我在全世界很多地方都有朋友，对于怎么和外国人建立友谊，我可以给你一些建议。

⊙ 与英国著名影星休·格兰特

与外籍人士交朋友的建议

1．对自身的文化有相当了解，外国人才会对你感兴趣。

2．努力提高自身修养。我的外国朋友非常羡慕我有一个画家父亲，他们尊重有修养的人。

3．了解对方的社会背景。刚到纽约时我就下定决心要全面了解美国社会，当我发现犹太人在美国的影响力非常强大后，就通读了 *The History of the Jews*（《犹太人史》）和 *The Joy of Yiddish*（《美妙的犹太语》）。这两本书让我对犹太人有了深入的了解，和他们交往起来更得心应手了。

4. 熟练掌握他们的语言。有口音不是问题，但尽量要能像母语一样表达才行。语言和文化是紧密联系的，不了解当地语言，怎么了解当地文化呢？

5. 学习他们的烹调、音乐和舞蹈，这些都能让你尽快和外籍人士有效沟通。

如何与外籍男士交往　*Dating a Foreigner*

不管有多少与外籍男士交往的经验，我必须得承认我这代人还是比较保守、传统的。最近十年情况有了翻天覆地的变化，今天的年轻男士能坦然接受成功女性，而且 AA 制很流行，这些都是我以前没有想到的！如果是老一辈人，男方发出邀请，就会理所当然负担一切；不像今天男人不再坚持独立负担约会的全部费用。这是对女性独立意识的认可。

一些外国男士告诉我，他们觉得中国女人颇有心计，缺乏坦诚。当然，这似乎以偏概全。我要说的是，每一段爱情关系都应该建立在真诚的基础上，坦诚相待才有发展，才有未来。性爱对于外国人来说虽然不是家常便饭，但也不像中国人看得那么重。过去有些中国女孩以为和外国男士发生了关系就意味着他很爱你并且一定会娶你，那可就大错特错了。因为性关系不是婚姻的决定因素。

同外国人约会最有趣的一点是有机会了解一种全新的文化，不管对方是不是结婚对象，我都建议你努力学习一下他所代表的文化。一般在中国生、中国长的女性接触外国人和外国文化的机会很有限，有了现成的老师，为什么不在谈情说爱的同时，开拓一下眼界，长长见识呢？这样你也会变得更成熟，更有魅力。

同外籍男士结婚　*Marrying a Foreigner*

我见到过很多成功的异国通婚的例子，尽管夫妻双方的文化背景完全不同；我也见过失败的例子，像我自己。我嫁了个爱尔兰裔美国人，这段婚姻维持了短短几年而已。很多人认为我们离婚的原因是我太关注事业，频繁穿梭于中美两国之间，冷落了老公。这是原因之一，但并不是最主要的。

是文化的差异让我们不得不分开——他是地道的美国人，我是来自中国的移民，有着很深的中国文化的根基。对我来说，不在美国出生并不是问题。我在美国接受教育，大部分时间在美国生活，我英文流利，对美国文化了如指掌，是不能再美国化的美国人了。

我和美国前夫之间的问题在于他完全忽视了我的"中国根"。我做"羽西"品牌化妆品

⊙ 与前夫马明斯在我们的婚礼上

在中国的时间很多，前夫有时要随行。他在中国的日子真是苦不堪言——没有朋友，言语不通（那是 20 世纪 90 年代初，中国没有多少人可以讲英文），因为大部分活动都是以我为中心，他经常无所事事。除了精神上，体力更是受罪，经常倒时差就让他很受不了，最后只好退出。

作为过来人，我对"外嫁"的看法是这样的——如果你有其他选择的话，还是不要嫁外国人。如果你一定要嫁，就找个对中国有一定了解的老外吧，最好能说中文，而且一定要对中国文化感兴趣，或住在中国。这样至少可以弥补一下，也算迈出了成功婚姻的第一步。两个人共同生活本来就是一件不容易的事，再隔上一条文化鸿沟就更难了。

爱与性
Sex Etiquette

如果你想吸引优雅、迷人、有风度的绅士，你自己就要努力成为优雅、迷人、有风度的淑女。像其他方面一样，性也应该有它的礼节。我不是性学专家，但身为女人，我确实有一些看法，要谈谈在这个领域里该怎样表现。有人会说，激情高潮时哪有礼节可言！我不同意。和任何其他礼仪一样，性的礼仪也要从自身做起，这样才能推己及人。

淑女的10点性规则

1．不要追问对方的情史　"你有过几个女朋友？和她们发生过关系吗？你最喜欢的是哪一个？为什么？"这样的问题实在没有必要，除非你自认为就算知道了也不追究。最怕的就是明知自己承受不了，还一个劲儿地追问。如果他坦诚地告诉你一切，你要用平常心对待。小小的妒忌无伤大雅，还能证明你很在乎他，不过"醋坛子"能够彻底毁掉你的淑女形象。过去有过几个女朋友并不重要，过去的已经过去了，重要的是现在他是不是对你好。

2．不要坦白自己的情史　约会的时候，我不会告诉对方我有过几个男朋友以及他们都是谁。如果对方问起，我就说"无可奉告"，若他真想知道，也能从其他渠道了解。我和多少男士交往过并不重要，重要的是此时此刻。还有一点，真正的淑女不会到处炫耀自己曾经俘虏过多少男人的心。对于情史的问题，我的态度是"莫问，莫讲"。

3．把现男友和前男友进行比较是淑女的大忌　任何情况下、任何形式的比较都不应该，要相信此时的他就是他，而不是比David老一点、比Ben胖一点、比Alex穷一点的那个人。

4．主动保护自己，自带避孕套　就算你的性伴侣不注意，你也要为自己着想，要知道如何保护自己——你一定不想意外怀孕或感染性病吧！性愚昧永远不该和淑女联系在一起。

5．注意自己的体味　我觉得一个淑女应该永远都是香香的，不只是香水味，还有你的衣服、头发、手脚、口腔和身体私密处的气味。所以请一定勤洗澡、勤换衣。吃过大蒜、洋葱和其他气味强烈的食物后请一定刷牙或用漱口水。如果你腋下异味很重，请一定使用止汗剂。还有一点非常重要，女人应注意保持"私处"的清洁。如果你发现那里有不好的异味，就立刻清洁，要是持续这样的话，很可能是因为有了疾病，要快去看医生。没有男士会对身上有异味的女士感兴趣，"性趣"更是想都不要想！

6．做专一的淑女　在我们要求男人专一的时候，自己也要这样做。不要当着自己男友的面和其他男人眉来眼去。没离婚的时候，我从不会在前夫面前表现得花心，他对我这一点十分欣赏，也很感激。现在恢复单身了，我觉得调情能增加女人的魅力，所以不会太拘谨，毕竟适当的调情还有助于身心健康呢！

7．耐心了解伴侣床笫间的需求（当然，他也应该耐心了解你的需求）　力所能及满足他。如果你不想做就说出来，不要强迫自己。真诚的交流是高质量性爱的催化剂。当你的伴侣了解到哪些可以做、哪些不能做以后，他应该尊重你的意愿，你也一样。

8．做爱过程中适当的回应和鼓励必不可少　有一个笑话说，女人在做爱的时候一定要说Room这个词，但不是说room，而是分开来的R-O-O-M。

9．爱情和享受性爱并没有冲突　不要受繁文缛节的拘束，享受性爱的美妙怎么做都不过分。不妨做个有冒险精神的淑女，大胆尝试新鲜事物。

10．做爱的时候关掉电话　无数次在电影或电视里面看到做爱被电话打断的情节，要知道其间接电话对伴侣和打电话的一方都不礼貌，所以还是关掉电话最好。

　　淑女应该学会使用性感内衣来让自己更有魅力，特别是对于懂得欣赏这一闺房情趣的男人来说。

后 记 Postscript

The hardest job kids face today is learning good manners without seeing any.

—Fred Astaire, Famors, singer & actor

现在的孩子面临的最大难题，就是在看不到任何好榜样的情况下去学习礼仪。

——弗雷德·阿斯泰尔，著名歌手、演员

大家读完了这本书后，应该了解了不少与礼仪有关的知识。我希望你可以把这些教给你的孩子。"养不教，父之过。"如果你是一位母亲，你应该以身作则，让孩子学习怎样做个懂礼仪的人。我相信"教养"可以比"教育"为小孩子带来更多成功的机会。中国人说"三岁看老"，让孩子从小学习礼仪，这将是他们未来成功的第一步。

如果你也认为"培养一个贵族需要三代人的时间"，那我期望我们能把这时间缩短。我相信我们可以用一代人的时间就培养出贵族，就是这一代人！这是我写这本书最大的希望。

如果你有关于《中国淑女》的任何想法，随时都可以来我的社交网络平台畅谈。感谢我见过面和从不曾见面的朋友，你们是我最宝贵的财富，希望能得到你们一如既往的支持和鼓励。

微博地址：weibo.com/jinyuxi
博客地址：blog.sina.com.cn/jinyuxi
微信公众号: jin_yu_xi

图书在版编目(CIP)数据

中国淑女：珍藏版 /（美）靳羽西著. --桂林：漓江出版社，2018.8
ISBN 978-7-5407-8466-9

Ⅰ.①中… Ⅱ.①靳… Ⅲ.①女性 – 修养 – 通俗读物 Ⅳ.①B825-49

中国版本图书馆CIP数据核字（2018）第151732号

中国淑女（珍藏版）

作　　者：靳羽西
策划统筹：符红霞
责任编辑：杨　静
助理编辑：谷　磊
责任监印：周　萍

出 版 人：刘迪才
出版发行：漓江出版社
社　　址：广西桂林市南环路22号
邮　　编：541002
发行电话：0773-2583322　　010-85891026
传　　真：0773-2582200　　010-85892186
邮购热线：0773-2583322
电子信箱：ljcbs@163.com
网　　址：http://www.Lijiangbook.com
印　　制：北京尚唐印刷包装有限公司
开　　本：889×1194　　1/20
印　　张：10.6
字　　数：100千字
版　　次：2018年8月第1版
印　　次：2018年8月第1次印刷
书　　号：ISBN 978-7-5407-8466-9
定　　价：68.00元